新媒体
界面设计

刘晨 戴佳童 陶鸿宇 编著

新版高等院校设计与艺术理论系列

N E W

M E D I A

U S E R

I N T E R F A C E

D E S I G N

U0247177

上海人民美術出版社

前言

随着数字化时代来临，新媒体已经渗透到我们生活的方方面面，深刻地改变了人们获取信息、社交娱乐、工作学习的方式。新媒体界面作为连接用户与数字信息的重要桥梁，其设计的重要性不言而喻。无论是在社交媒体、移动应用，还是在网页界面中，一个精心打造的新媒体界面能够提升用户体验、增强用户黏性，并有效地传达信息。

《新媒体界面设计》这本教材旨在为读者提供一个全面、系统的学习资源，帮助读者理解和掌握新媒体界面设计的基本理论、设计方法和实践技能。本书按照现代教学需要编写，帮助读者梳理了新媒体界面在各应用场景中的设计方法，具有较强的实用性，适合实际教学，能满足不同层次读者的需求。

本书共八章，第一章到第四章从新媒体界面设计概述、新媒体界面设计基础、新媒体界面用户体验设计、新媒体界面交互原型设计四个方面进行讲解，为读者构建了一个宏观的知识框架，带领读者全面认识新媒体界面设计。第五章到第八章从社交媒体界面设计、动态海报设计、网页界面设计、App界面设计这些应用场景出发，讲解不同类型、不同领域、不同平台新媒体界面的设计技巧与项目实例。这些内容将帮助学习者掌握特定媒体环境下界面设计的变化和要求。本书在需要重点讲解的内容处配有视频教程，读者可以扫描二维码查看学习。

本书由刘晨、戴佳童、陶鸿宇编著，上海中侨职业技术大学刘雨轩老师和吴云子老师分别参与编写第六章和第七章。特别感谢东华大学陆金生教授给本书提出的宝贵建议和指正、上海中侨职业技术大学艺术学院为本书提供的视频教学资源，以及沈媛、冯天天、朱思懿、汤佳怡、韦洁等师生提供的设计案例。尽管编者在编写过程中力求准确、完善，但书中难免有不当之处，恳请广大读者批评指正。

编　者
2024年秋

目 录
contents

第一章 新媒体界面设计概述

◆ **知识目标**

　　1.了解新媒体的概念；2.了解用户界面的概念；3.了解新媒体界面设计的发展趋势。

◆ **能力目标**

　　1.掌握新媒体界面设计的视觉表现；2.掌握学习新媒体界面设计应具备的能力；3.掌握新媒体界面设计的流程。

◆ **素质目标**

　　1.培养敏锐的时代洞察力，把握行业动态；2.提升审美与艺术素养；3.培养项目的沟通与协作能力。

第一节 新媒体与用户界面

一、传统媒体与新媒体

　　媒体一词来源于拉丁语Medium，音译为媒介，意为两者之间。媒体是传播信息的媒介，是指人传递信息与获取信息所借助的工具、渠道、载体、中介物或技术手段，也指传送文字、声音等信息的工具和手段。

　　传统媒体主要指报刊、户外广告、通信、广播、电视等，它们通过固定的渠道和特定的技术手段，如印刷品和电子信号传输，向公众传递信息。传统媒体具有固定的传播渠道和发布周期、有限的互动性以及广泛的受众基础等特点。新媒体是与传统媒体相对应的概念。它是依托新的技术支撑体系出现的媒体形态，利用先进的技术手段，对图片、文字、视频等进行全方位、立体化处理，并不断丰富媒体传播内容。新媒体具有互动性强、传播速度快、覆盖面广、内容丰富多样、易于个性化定制的特点。

　　简单回顾一下中国媒体的发展历程。1992年至2012年，以纸质版媒体、电视媒体为代表的传统媒体，掌握了信息传播媒介的主要话语权。2012年后，以微信公众号为代表的图文新媒体，以"再小的个体，也有自己的品牌"的去中心化力量，逐步接过媒体产业的大旗，国内进入新媒体时代。2018年，短视频的风靡又使得媒体行业将眼光纷纷转向视频号。2021年，社会虚拟化进程加快，也使人们对互联网有了更进一步的认识，"元宇宙"迅速成为最热门的话题之一。2023年，我们又迎来了生成式人工智能（Artificial Intelligence Generated Content，AIGC）产业的爆发期，可以预见，AIGC将为新媒体的发展带来更多的可能性。因此，新媒体的概念具有一定的相对性，其界定会随着时间变化而更新。

二、用户界面

　　用户界面（User Interface，UI），简称界面，是一个广泛而多元的概念，它在不同领域有着不同的表现形式和应用价值，包括了物理、环境、信息、艺术与设计以及社会科学等领域中的界面。本教材提到的"用户界面"特指计算机科学中的界面。从广义上来讲，界面是人与机器进行交互的操作平台，即用户与机器相

互传递信息的媒介。（图1-1）

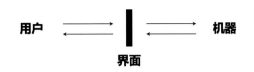

图1-1　用户界面

　　界面设计即用户界面设计的简称，是指对软件的人机交互、操作逻辑、界面美观的整体设计。它是一个把美学、计算机科学、心理学、行为学、人机工程学、信息学以及市场学等结合在一起的综合性学科，强调将人、机、环境三者作为一个系统进行总体设计。优秀的界面设计能让软件的操作体验变得舒适又简单，同时充分展现软件的独特定位与核心特点。

三、用户界面的分类

　　界面广泛应用于个同平台和领域，设计师需要根据不同的平台载体和人机交互方式进行相应的设计和优化。

1. 按设备类型分类

　　按设备类型分类，用户界面主要包括移动端用户界面、电脑端用户界面、其他用户界面。

　　（1）移动端用户界面

　　移动端用户界面是主要应用于智能手机、平板电脑，为移动设备提供优化的应用程序界面。如微信小程序界面、QQ聊天界面、各类游戏平台等移动设备的界面，它们给用户提供了多样化服务体验。

　　（2）电脑端用户界面

　　电脑端用户界面（Web User Interface，Web UI），主要被应用于电脑上的电商、社交、工具、后台系统类网页网站等。在Web UI设计过程中，因为用户依靠鼠标进行操作，设计师需要考虑用户的交互操作习惯以及排版布局等。

　　（3）其他用户界面

　　可穿戴设备界面、自助点餐机界面、银行取款机界面、车载界面、虚拟现实界面（VR Interface）、增强现实界面（AR Interface）（图1-2）、混合现实界面（MR Interface）等，都属于其他用户界面范畴，它们以多样化的应用形式融入我们的日常生活中。

2. 按交互方式分类

　　按交互方式分类，界面可分为图形用户界面（Graphical User Interface，GUI）、

图1-2　商店AR导览机界面

语音用户界面（Voice User Interface，VUI）、手势用户界面（Gesture User Interface，GUI）、混合用户界面（Mixed User Interface，MUI）。

（1）图形用户界面

图形用户界面是目前最常见的一种用户界面类型，被广泛应用于各类操作系统，如Windows、macOS、iOS和Android等中。它的信息和操作选项以图形化的方式呈现，用户通过屏幕触控、鼠标点击等进行直观交互操作。

（2）语音用户界面

语音用户界面是用户通过语音命令与智能设备，如智能音响、智能手机等进行交互的界面。在这种界面中，用户能够执行播放音乐、控制智能家居、获取信息等任务。它适用于用户双手被其他行为占用或视力不佳等情景中。

（3）手势用户界面

手势用户界面通常适用于触摸屏的设备。用户通过手势与设备进行交互，增加了操作的便携性和互动的趣味感。例如，在智能手机和平板电脑上浏览图片时，用户可以通过捏合手势来快速缩放图片，查看更多细节。

（4）混合用户界面

混合用户界面是将多种交互方式，如图形、手势、语音等结合在一起的用户界面。这种界面能够智能地根据环境和用户需求，为用户提供合适的交互模式，满足用户的体验和偏好，例如智能汽车的车载系统界面。驾驶员在行车途中可通过语音控制完成相应的指令，在停车时还可使用触屏进行更复杂的设置。

通过这些多样化的交互方式，用户界面能够满足用户在不同情境下的需求，为用户提供更加个性化的体验感受。

第二节 新媒体界面设计

新媒体时代的用户界面主要依托互联网、数字技术等背景展开，内容愈发多样，不再局限于传统的网页设计或软件界面，而是扩展到了包括电商小程序、H5广告、VR虚拟交互等多种形式，为用户提供了丰富多样的交互体验。

一、新媒体界面设计的特点

在新兴媒体和数字技术的催化下，新媒体界面设计呈现出即时性与导向性、交互性与体验性、多屏化与响应式的显著特点，下面将进行详细讲解。

1. 即时性与导向性

作为互联网时代的产物，新媒体突破了原有传统媒体传播的时间限制，通过实时推送信息和内容、实时直播互动、实时更新短视频等满足了用户获取即时信息的需求。交互动效的即时性，体现在用户对界面元素的每一次操作都能得到即时的视觉、听觉或触觉的反馈。例如，在App中点击一个按钮时，按钮会立即以颜色、动画效果或者音效等方式产生响应。移动直播界面设计的即时性，体现在将信息实时传达给用户。比如购物直播间的界面中，会有在线人数、互动弹幕、当前讲解产品链接图等实时信息。短视频的即时性则体现在快速生产

和消费上，其设计界面能让用户快速操作收藏、点赞、评论、寻找同类话题、分享等功能。（图1-3）

在新媒体界面设计中，电商类、视频类、教育类App或网页会通过个性化推荐、搜索关键词、促销活动等方式的引导，帮助用户更快捷地找到自己所需要的信息和内容，提高用户的使用体验，这些都是交互动效的体现。比如腾讯视频的首页设计，根据用户输入的关键词，搜索栏会自动关联相关的热门搜索词和视频，帮助用户更准确地找到想要看的视频。它还会根据用户的观看历史和收藏偏好，为用户推荐个性化的影视内容。如图1-4所示，淘宝中"我的淘宝"页，会根据用户的浏览历史、购买记录和收藏偏好等数据，设计"猜你喜欢"页，为用户提供个性化的商品推荐。

图1-3 抖音短视频

图1-4 淘宝"猜你喜欢"页

2. 交互性与体验性

新媒体界面设计不局限于静态的图片文字排版，而是强调用户与产品之间的交互体验，通过动效、音效、触摸反馈等多种方式，使用户更直观地了解产品的功能和使用方法。例如，在手机软件应用程序中页面跳转时的加载页设计，趣味性的加载动效设计既能体现品牌特性，又能分散用户在等待时的注意力，可以为用户创造流畅、愉悦的交互体验。关于交互性与体验性的内容，本书第三章与第四章会详细展开讲解。

3. 多屏化与响应式

我们已经身处多屏化时代，屏幕传播无处不在、无时不有。多屏化时代是对当下视频传播形态多样性和覆盖广泛性的一种形象概括与表述。"多"不是指屏幕数量多，而是指屏幕种类多和屏幕放置环境多。图1-5所示为某品牌的首页界面，通过台式电脑、手机、平板电脑三个不同的屏幕同步展示，表明品牌能够满足用户在不同设备上的需求。此外，多屏互动的界面被广泛应用于教培、文化艺术展示、公共信息查询等多种场景中。在图书馆、博物馆、车站等公共场所，多屏互动界面能高效展示交通、展览、广告等公共信息。

图1-5 多端适配

多屏化使得媒体传播的界面大小、内容长短、创新形式都有所不同，因此我们需要制定一套相应的设计策略来适应多种终端，从而达到高效设计，顺应市场的竞争变化。

新媒体界面设计普遍采用响应式设计理念，即界面能够根据不同设备的屏幕尺寸和分辨率自动调整布局和样式，以适应不同终端设备的浏览需求。描述响应式设计最著名的一句话就是"Content is like water."，翻译成中文便是"如果将屏幕看作容器，那么内容就像水一样流淌"。若要保障业务能高效开展，设计师需要制定一套在多终端间流转的设计规则，为用户提供具有连贯性和一致性的使用体验，让内容真的如水一样顺滑地流淌下来。

二、学习新媒体界面设计应具备的能力

新媒体界面设计作为我们窥探数字世界的窗口，随着技术的革新和用户需求的变化始终处于快速发展之中。这意味着设计师需要不断学习新技能、理解新趋势，以适应不断变化的环境，设计出更加人性化、智能化、高效化的界面，给用户带来更加丰富的体验。

学习新媒体界面设计需要具备的基础与能力包括设计理论基础、软件操作能力、逻辑思维能力、团队协作能力、综合设计能力。

1. 设计理论基础

新媒体界面设计涉及的设计理论基础包括掌握视觉设计基本原理，以熟练运用点、线、面等基础构成要素进行视觉设计，还包括掌握用户体验设计理念、交互设计方法以及数字媒体技术等理论知识，以打造兼具视觉吸引力、信息传达高效性和良好用户交互性的新媒体界面。

2. 软件操作能力

新媒体界面设计师需要具备绘制创意图形的能力。App的引导页或提示页设计经常会加入一些插画以彰显视觉创意和个性，因此，设计师需要能够熟练使用Adobe Photoshop、Adobe Illustrator等软件进行编辑图标

和按钮、制作界面背景、处理图片素材等操作。

做网页设计的设计师则需要熟练使用Adobe Dreamweaver软件。这是一款集网页制作和网站管理于一身的网页代码编辑器，设计师无须深入了解代码即可使用它来创建网页。

App界面设计需要设计师熟练操作制作原型、交互演示的软件，例如Axure RP、Adobe XD、Sketch和Figma等。Figma是一款基于云端的界面设计工具，能支持团队成员在同一文件上实时协作，并具有强大的组件和样式管理功能，以高效实现原型、视觉、交互等多方面的设计需求，确保设计与开发团队的无缝对接与协作。

新媒体界面设计师还需要具备动效制作的能力。Adobe After Effects软件是一款专业级动效设计软件，适用于设计复杂的界面交互动效、启动页动态海报、页面转场动效等。Adobe Animate软件适用于制作App和网页界面中出现的简单二维动效，例如图标动效、按钮点击动效。

3. 逻辑思维能力

设计界面不应只停留在美学的思考层面，还应考虑界面结构和框架层面的流程逻辑、元素布局等。因此，设计师需要具备逻辑思维能力，从理解用户需求、产品目标到构建清晰的信息架构、设计合理的流程逻辑、控制元素布局与视觉层次，再到测试与优化，逻辑思维能力贯穿于界面设计的整个过程，是打造出优秀界面的关键因素之一。只有具备良好的逻辑思维能力，设计师才能设计出既符合审美需求，又能高效实现产品功能、满足用户需求的新媒体界面。

4. 团队协作能力

大多数设计师并不是单打独斗，而是和团队一起工作。界面设计师只有与开发设计人员、产品经理等项目组的各职能人员协同工作，保持良好的沟通，才能促进项目有序推进，并做好与甲方对接和汇报的工作。

5. 综合设计能力

新媒体界面设计从对应用程序的外观和工作方式的探索开始，逐步形成适合各类别、各平台的表现形式，再发展出独特的风格和个性。随着新技术而来的硬件迭代，使设计的差异化逐渐体现，从静态图形转向动画和动态界面，从单一平台界面转向跨平台界面。界面设计领域需要培养更多具备综合设计能力，比如掌握控件设计、用户体验设计、交互设计、界面视觉设计、动效设计等技能的跨学科、多平台、复合型设计人才。

了解了需要具备的专业技能和综合能力，设计师能更明确新媒体界面设计的学习方向以及自身需要胜任的各种设计任务，为接下来的设计实施做好准备。

第三节 新媒体界面设计发展趋势

一、融合创新

随着互联网的普及和数字化转型的加速，各种媒体形式之间的界限变得越来越模糊，媒体艺术逐渐从传统设计走向融合，出现了"媒体融合"的现象。设计时空维度的融合、科技与艺术的融合、制作和管理平台的融合，催化出新的媒体传播形式，实现了资源共享、优势互补，推动了新媒体向智能化、个性化、移动化的全面升级。制作和管理平台的创新与融合，则为设计师提供了更高效、便捷、个性化的设计体验。

1. 时空维度的融合

在时间维度方面，报纸、杂志这类传统媒介主要通过图片、文字排版等设计方式来传递静态内容，而新媒体界面设计则呈现出不受时间限制的动态效果，其色彩、内容以及使用体验等会随着时间的推移而发生变化。例如，在网络页面以及手机软件应用程序的页面跳转页和数据加载页设计中，设计师通常会结合趣味性的加载动效设计，以此减少用户在等待过程中的枯燥感，为用户带来充满趣味的交互体验。

在空间维度方面，新媒体界面设计不仅有二维动态，还有三维立体视觉效果，甚至拓展到四维空间。二维空间的设计表现主要是运用投影、色彩渐变、肌理感、视错觉等手法，给人营造出视觉上的立体感和空间感，而广播、报纸、宣传单这类传统传播媒介，在视觉、听觉感官上具有一定的局限性，会通过单一的感官渠道将信息传达给用户。VR技术、5G网络、移动直播等新技术的兴起，给用户提供了三维立体式多感官空间的呈现可能。如今，VR的线上空间已经被广泛应用于零售、教育、房地产、医疗保健、智能制造、公共事业等领域，给用户提供了更真实的沉浸式体验。

2. 科技与艺术的融合

新媒体界面设计是科技与艺术融合的产物。科技不仅丰富了设计的表达方式，还深化了其思想内涵，而艺术设计的融入，则为科技注入了触动人心的审美体验，使得界面的信息丰富而富有美感。如今，新媒体界面设计深度融合了AR、VR及AI（人工智能）等尖端科技，实现了科技与艺术的跨界融合。

近年来，许多大城市的地标商场陆续出现了3D裸眼屏。成都太古里与春熙路交界处就有这样一块屏幕，它通过裸眼3D技术与界面设计相结合的形式成功打造了数字动画短片、媒体广告、城市形象宣传片等屏幕影像，给人以身临其境的视听感受，成为成都的"网红"地标，吸引着各地游客来此打卡。（图1-6）图1-7所示为麦当劳推出过的一款VR设备。这个VR小游戏制作的360度视频，让用户可以通过佩戴VR设备在虚拟世界里跟农夫一起种植作物、玩互动游戏，与此同时还能通过头显看到麦当劳食品的原材料生产过程，创意十足地宣传了自己的品牌。AR技术实现了虚拟世界与现实世界的实时同步，为用户带来虚实相生的感官体验。

图1-6　裸眼3D屏

图1-7　麦当劳VR设备

3. 制作和管理平台的融合

新媒体界面设计呈现出多样化、个性化的传播态势，其设计制作和运行管理平台也得到了前所未有的创新。以HTML5页面为例，易企秀、木疙瘩、MAKA、秀米等制作平台纷纷应运而生。这些工具制作平台能一站式满足生产者的创作需求，即使是一些非专业人士，也能快速熟悉和运用工具，制作H5动画、微信公众号图文、电子邀请函等。在UI设计领域，这些在线协作设计工具的诞生，让原本复杂、多工序的设计项目在创作时变得轻而易举。

二、交互体验创新

在传统媒体时代，交互体验大多是单向性或有限互动的。以电视、广播这类传播媒介为例，其内容往往是预先制作并固定发布的，观众或听众较为被动，互动形式很有限，无法对其进行修改或个性化定制。随着新媒体时代的到来，新媒体工具凭借其强大的实时互动功能，彻底颠覆了传统媒体时代的交互模式。用户不再只是内容的消费者，同时还是内容的创造者，他们可以通过各种新媒体平台表达自己的观点、分享自己的创意，并与他人进行实时的互动交流。这种双向性、个性化和实时性的交互体验，不仅极大地提升了用户的参与度和个性化需求，也为新媒体产品注入了新的活力。

无意识交互和多模态融合交互作为新媒体交互体验的两种重要创新形式，将在未来的产品设计和服务体验中发挥越来越重要的作用，持续推动交互设计的边界拓展。

1. 无意识交互

"无意识设计"又称"直觉设计"，是由深泽直人首次提出的一种设计理念，即通过有意识的设计实现无意识的行为，给人有意味的享受。无意识交互设计的流程是设计师通过观察分析提炼用户痛点，制作设计行为模型，并进行场景模拟测试，最后进行应用反馈。将无意识引入交互设计意味着设计师需要了解用户的使用习惯，挖掘用户的潜在需求，这样所做的设计使得用户的操作和体验都是自然连续的行为，不需要刻意

图1-8 拨动开关设计

图1-9 播放页面

新媒体界面设计

去摸索使用方法。即便是面对新的互动形式，用户也能快速上手操作，并获得舒适的服务体验。手机界面中的一些拟物化设计，就充分体现了无意识交互特性。例如，在设计只有两种互斥状态的控制性控件时，设计师通常会将其设计成现实生活中开关的视觉形态，给用户直观体验。图1-8所示为iOS系统中拨动开关的设计，模仿了真实产品的拨动开关，让用户自然地掌握使用规律，简单的操作也减少了用户的记忆负担。此外，将音乐播放器的界面设计成复古黑胶唱片机的样式，（图1-9）电子书App界面中把翻页动效设计成模拟翻书的形式，地图软件里会根据天气变化在地图上显示晴雨动画等，这些交互设计都是将用户的习惯性行为提炼出来，通过视觉和操作层面的设计，唤醒用户潜意识的情感记忆和本能认知。

2. 多模态融合交互

模态（Modality）是德国理学家赫尔姆霍茨提出的一种生物学概念，即生物凭借感知器官与经验来接收信息的通道，如人类有视觉、听觉、触觉、味觉和嗅觉等模态。多模态融合交互是人通过多种感官（如视觉、听觉、触觉等）通道、肢体语言（如手势、面部表情等）、信息载体（文字、图片、音频、视频）、环境等模态的有机结合与计算机进行交流。

在多模态融合交互系统中，各种输入模式并不单独运作，而是相互融合和补充，共同为用户提供丰富的交互体验。例如，在智能家居系统中，设计师可以通过识别用户的手势、语音、面部表情等来为用户提供更加智能和个性化的服务。在2020年11月小米的开发者大会上，小爱同学5.0正式发布，其交互方式突破了传统的按钮、键盘信息输入方式和智能手机的点触式交互方式，以多模态融合交互模拟人与人之间的交互行为，并能主动与用户互动交流，使交互活动更自然、交互方式更主动。随着AI时代的到来，人们原有的生活状态正在快速发生变化，越来越多的人接触到线上工作，以及智能的学习和生活娱乐环境。例如，由科大讯飞自主研发的AI虚拟人多模态交互服务，线下可以设计成AI虚拟人交互一体机，被运用于银行、营业厅、零售店等各门店；线上可作为AI虚拟人做交互客服，在微信小程序、App或Web站接入。随着技术的不断进步和应用场景的拓展，多模态融合交互正在变得越来越普遍，被广泛应用于教育、医疗、智能驾驶、智能家居、虚拟助手等领域，因此，在多模态融合交互设计领域投入更多关注可以说是因应未来所需。

三、元宇宙与人工智能

元宇宙，简单地说就是人类运用数字技术，如XR、区块链、云计算、数字孪生、物联网等构建的，由现实世界映射或超越现实世界，可与现实世界交互的虚拟世界。元宇宙的两个核心命题是"虚实融合"与"时空再建"。基于此，元宇宙中的媒介需要符合四个特性，即一致仿真性、开放创新性、永久持续性、反馈控制性。除了需要强大、先进的技术支持外，元宇宙的实现还需要海量沉浸式、互动式的优质内容进行支撑。目前，各类元宇宙创作平台除了提倡在图文、视频、直播、广告、展览等形式上进行内容创新，还将诸如3D沉浸式、互动式等新形式的内容加入创作平台，为新媒体界面设计的发展提供活力和无限的可能性。

AIGC指的是经过大量数据训练，根据输入的条件或指导，AI可以凭借算法生成模型自动生成文字、图片、音频，甚至视频内容。算法生成模型在2022年获得井喷式发展，底层技术的突破使得AIGC商业落地成为可能。AIGC能够实时收集、分析用户与界面的数据，及时辅助设计师了解用户行为和需求，从而进行有针对性的优化和整改。根据用户的特性、行为习惯，AIGC可以为用户提供个性化的界面体验，被广泛应用于媒体、电商、影视、教育、金融等行业。

1. 数字虚拟主播

数字虚拟主播是融合了XR与AIGC等技术呈现出的新样态与模式。相较以往，它给用户的临场感与体验感得到进一步增强。全天候播报的数字主播与AI大脑的结合为用户构建了全新的传播界面场景。

例如，由上海广播电视台（SMG）融媒体中心推出的虚拟新闻主播申雪雅，她以"元宇宙资讯猎手"的身份主持国内首档元宇宙资讯节目《早安元宇宙》，以职业装造型出镜，采用通俗易懂的播报，为观众解读元宇宙的最新消息。在2022年卡塔尔世界杯期间，该中心制作了"世界杯亦百科"系列短视频，申雪雅作为主播每天一期登上电视大屏和网端小屏，为观众和网友带来足球赛事的消息。（图1-10）

图1-10 SMG虚拟新闻主播申雪雅

2. 观看式场景与体验式场景交互

全新的交互体验将XR、AIGC等单一的技术整合到一个特定的虚拟场景中，主要体现为观看式场景与体验式场景两种类型。观看式场景交互是利用3D建模与XR等技术构建一个拟真的场景，以视频为表现形式，用户像是在观看3D动画。而体验式场景交互则能让用户体验到更多的互动感。例如，2023年全国两会的封面新闻使用了用WebGL　　3D技术开发的"元里"沉浸式交互体验空间，营造了更强的沉浸感与互动感，丰富了融媒体报道的内容形式（图1-11）。用户可以真正进入元宇宙空间进行体验，化身为虚拟人物"小封"在"元里"展馆中自由活动，点击展品即可跳转至对应的两会融媒体产品。

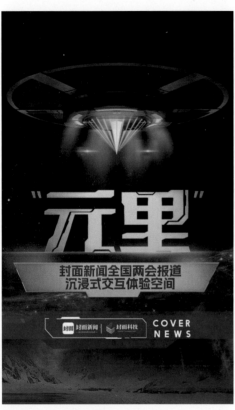

图1-11　"元里"沉浸式交互体验空间

3. AIGC辅助用户界面设计

在当今数字化发展的浪潮中，AIGC辅助用户界面设计正在掀起一场设计领域的变革。AIGC辅助用户界面设计指的是利用人工智能技术来生成文本、图像、控件、音视频和界面布局，从而增强和改进用户界面的设计。这种方法不仅减少了设计师的重复性工作，使他们能够专注于更高层次的创意设计和战略决策，提高了设计效率，使得设计结果更加个性化，还提升了用户体验和交互效率，满足了不断变化的用户需求。

当前，Figma、Midjourney、即时AI等工具虽然可以进行AIGC辅助用户界面设计，但都还处于不断优化和升级的阶段。以即时AI为例，经过功能的不断升级，通过对移动端和网页端设备的界面执行文生UI、文生图、手绘UI、图生UI等操作，它可以得到相当漂亮的结果。（图1-12）

图1-12　即时AI操作界面

　　元宇宙和人工智能的发展相辅相成，人工智能为元宇宙提供强有力的技术支持和智能化的交互能力，元宇宙为人工智能搭建了广阔的应用平台。两个前沿技术的发展为新媒体界面设计带来了新的机遇和挑战，推动着新媒体界面设计向虚拟化、个性化、智能化、沉浸式、跨平台等方向发展，这同时也要求设计师应与时俱进、不断学习，以适应新技术要求，做出更有创意的设计，以满足数字时代不断变化的需求。

‖‖‖‖ 思考与练习 ‖‖‖

　　1. 请思考新媒体界面设计要把握哪些原则。

　　2. 请举例说明AR技术在界面设计中的应用。

　　3. 请举例说明VR技术在界面设计中的应用。

第二章 新媒体界面设计基础

◆ **知识目标**

　　1.了解新媒体界面的构成要素；2.了解新媒体界面的常用控件；3.了解图标和按钮相关理论知识。

◆ **能力目标**

　　1.掌握品牌图标设计的方法；2.掌握主题界面图标设计的方法；3.掌握按钮设计的方法。

◆ **素质目标**

　　1.提升自身的审美情趣与人文素养；2.树立自主学习、终身学习的意识，能够及时跟踪新媒体界面设计的前沿信息，针对自身特点进行学习，从而实现不断发展进步的目标。

第一节　新媒体界面的构成要素

　　新媒体界面的基本构成要素主要包括文本、图形图像、色彩、超链接、音视频等，设计师在设计时只有在这些要素之间取得平衡，才能设计出较好的、可用性和审美性兼具的新媒体界面，方便用户浏览。

一、文本

　　浏览界面时，最显而易见的构成要素通常是文本，它是新媒体界面中占比最多，也是最重要的内容之一。做文本设计时，设计师须做到简明扼要，过多或过少的文字都会使网页设计的效果减分。

二、图形图像

　　新媒体界面中最吸引人的要素是图形图像，它能起到美化界面的作用，并能让用户直观地了解主题。因此，设计师在设计时需在恰当位置合理摆放图形图像，使界面更美观、生动、有趣。

三、色彩

　　在新媒体界面设计中，界面布局固然重要，色彩搭配也同样不能忽视。色彩是最直观的一种表现元素，它会带给人们不同的感官认知，关乎用户的浏览体验。色彩设计有一定的规则和技巧，只有熟练掌握这些规则和技巧，设计师才能制作出优秀的界面。

1.安全色

　　在选取色彩搭配之前，了解界面的安全色很有必要。安全色是在不同硬件环境、不同操作系统、不同浏览器中都能够显示的无损、无偏差颜色的集合，也就是在任何设备上都能显示出原本的色彩。所以在设计时，设计师要尽量使用网页安全色进行搭配，以达到无偏差的效果。

2. 主色调

界面的颜色要搭配得当，应该选用一个主打色，用以配合主题，其他颜色起辅助调节的作用。图2-1所示为使用与茶文化相关的绿色所做的网页配色设计。绿色给人的感觉清新淡雅，与茶文化所自带的健康、雅致、清淡的气息相得益彰。

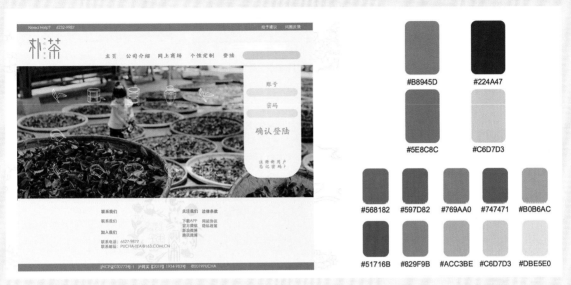

图2-1　与茶文化相关的网站选用绿白色调做网页配色

3. 色彩心理学

不同的颜色给人带来的心理感受与视觉效果完全不同。比如看见绿色，我们能联想到环保、生长、健康等词；看见红色为主色调时，我们感受到的则是热情洋溢、喜庆等；蓝色铺满网页时，官方、深邃的体验感扑面而来。因此，在设计界面时，设计师可以运用色彩心理学、色彩的联想等理论知识增强网页的信息可视性，使其呈现最佳浏览效果。

四、超链接

点击文字、图像之后跳转至另一界面的链接，被称为超链接。它从一个页面指向一个目标的连接关系，这个目标可以是另一个页面，也可以是相同页面上的不同位置，还可以是图片、应用程序等。超链接可以以文字、图像等多种形式存在，可以在页面中或单独进行跳转，便于用户精确了解更多资讯。超链接通常会在微信公众号或网页中出现，如图2-2所示为微信公众号推文中的图片超链接与"阅读原文"文字超链接，点击它们即可跳转到另外的页面。

图2-2 微信公众号推文中的超链接

五、音视频

音频、视频在娱乐型、新闻类页面中最常见，还可以作为页面背景音乐或者网站动画特效等来使用。新媒体界面中常用的音频格式有MP3、wav、aif、midi，常用的视频格式有vob、mpg、avi、MP4、mkv、mov等。音频、视频文件的存在让浏览者得以了解页面界面信息，并能让用户更加沉浸式地体验页面中的交互功能。目前，H5页面与动态海报这类与音频、视频强关联的新媒体界面已成为较为流行的展示信息的方式。

第二节 常用界面控件

界面控件指的是可以在窗体上放置的可视化图形元件，如按钮、列表、对话框等。大多数界面控件具有执行功能或通过事件引发代码运行并完成响应的功能。根据功能的不同，常见的界面控件可分为五大类：控制控件、筛选控件、表单控件、按钮控件和浮层控件。

一、控制控件

1. 活动指示器

活动指示器还有一个更加形象的俗名——风火轮，是系统中自带动画的原生视图控件，其作用是提示用户某项任务正在进行中。当任务正在处理或加载时，活动指示器就会开始旋转，直至任务完成后消失。在此过程中，用户无须与之进行交互。需要注意的是，活动指示器不停旋转，引导用户等待，但并没有明确告诉用户等待的时间或进度。所以为了不让用户在等待的过程中太过无聊，设计师要尝试用一些设计来分散用户在等待时的注意力，让这个过程变得愉快，甚至给用户一些超出预期的惊喜，从而帮助用户多点耐心等

图2-3 活动指示器

待加载完成。例如，设计师可以尝试设计一些精美的动画效果。图2-3所示为最常见的iOS系统和安卓系统中的活动指示器形态。

2. 进度指示器

进度指示器通常用图形、图标、进度条或数字向用户展示可预测完成度（时间、量）的操作、任务或过程的完成情况。一个好的进度指示器，能通过设计给用户及时的视觉反馈，一方面是告诉用户需要等待一段时间完成一个操作，另一方面是告诉用户这个等待的过程大概需要多长时间。

进度指示器一般有以下几种形式（图2-4）。

（1）进度条。这是最常见的进度指示器类型之一。它以一条水平线或者垂直线的形式，通过填充、增长或动态变化的方式来显示任务的完成情况。进度条上通常伴随有百分比或具体数值，告知用户任务的完成程度。

（2）圆形进度指示器。这种指示器通常是一个环形图标，随着任务的进行，环形部分被填充或者轮廓线出现动态变化，代表了任务的完成程度。

（3）数字显示。以数字形式直接显示任务完成的百分比或具体数值，提供简明的进度信息。

（4）图形化指示器。进度指示器也可以是一系列图形化的图标或符号，随着任务进行而逐渐被填充、变色或改变状态来显示任务的完成情况。

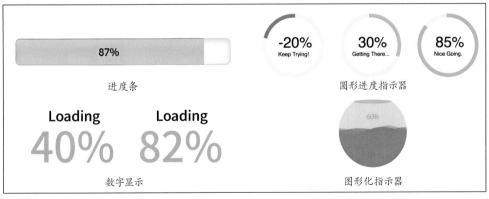

图2-4 不同形式的进度指示器

3. 页面指示器

页面指示器的设计用于显示共有多少页视图，当前为第几页。如图2-5所示为苹果手机主屏幕界面的页面指示器，3个圆点代表一共有3个页面，白色圆点代表当前视图页，灰色或半透明的圆点代表未激活页。

4. 刷新控件

刷新控件用于刷新当前页面，目前常见的有下拉刷新和上拉刷新两种。在设计刷新控件时，设计师可将品牌元素融入动态图标设计中。如图2-6的左图所示为必胜客App的刷新页，行走的小比萨控件设计与品牌售卖商品相呼应；图2-6的右图所示为QQ音乐的下拉刷新控件，律动的竖线与音乐的韵律有异曲同工之妙。

5. 滑动器

滑动器包含滑块和滑轨两部分。当滑动滑块时，相应的值，如亮度、声音调节器等会实时持续变化。如图2-7的左图所示为iOS系统设置亮度的滑动器；图2-7的右图是哔哩哔哩App中视频播放进度的滑动器，其滑动器设置为与视频内容相对应的小地球卡通图案，有趣生动，使用户与界面产生真实的互动效果。

图2-5　手机主屏幕页面指示器

图2-6　刷新控件

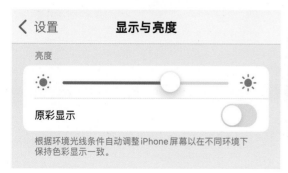

图2-7　滑动器

图2-8 开关控件

图2-9 选择器

6. 开关控件

开关控件也被称为切换器，一般只有两种互斥的状态，可通过点击或滑动进行开或关状态的切换。图2-8所示为iOS系统的开关控件，绿色代表打开状态，灰色代表关闭状态。

二、筛选控件

筛选控件在我们日常生活中使用频率很高，主要有选择器，日期、时间选择器，分段控件，排序控件几类。

1. 选择器

选择器的效果类似于下拉菜单，主要是在用户对整组值的内容都了解的情况下做选择时使用。图2-9所示是添加收货地址，用户要先对收货地址所在的城市、区、街道都提前有所了解，在此基础之上才能进行选择。

2. 日期、时间选择器

这是为用户在日期和时间选择上提供的一种便捷有效的形式。如图2-10所示，这种选择器一般采用上下滑动的滑轮（或滚轮）形式，每个选项显示不同类别的值，从左到右依次进行选择，选择器中间选项栏中的字被选择时加粗放大。

图2-10 日期、时间选择器

3. 分段控件

分段控件是典型的iOS系统控件，若选择项有两个或三个时就可以考虑使用。它也常被运用于设计小程序和各类App。（图2-11）

排行榜
免费 App
付费 App

图2-11　分段控件

4. 排序控件

排序控件是在新媒体界面中将界面内容以某种方式进行排序的控件。如图2-12所示，租房排序控件可以通过价格高低、面积大小、距离地铁站远近几种方式进行排序。

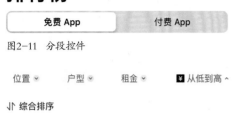

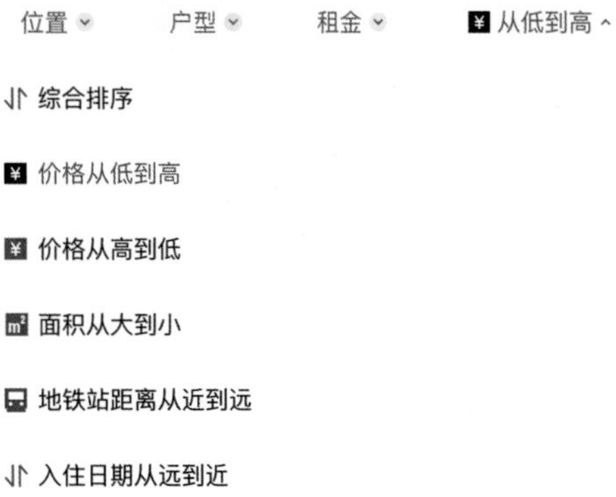

位置
户型
租金
从低到高
综合排序
价格从低到高
价格从高到低
面积从大到小
地铁站距离从近到远
入住日期从远到近

图2-12　排序控件

三、表单控件

1. 选择框

选择框一般有单选框和多选框两种。单选框主要用于相关但排斥的选项中，用户只能选择一个选项。多选框为用户提供一组相互关联但内容不兼容的选项，用户可以选择一个或者多个选项，也可以不做任何选择。可以参考手机上的购物过程，其中就包括单选框和多选框。（图2-13）

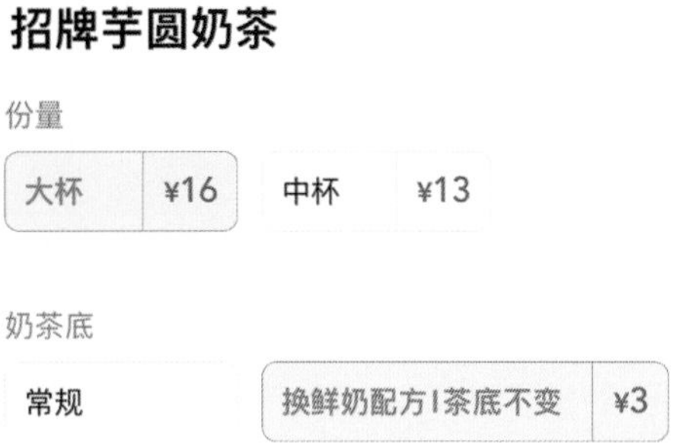
招牌芋圆奶茶
份量
大杯
¥16
中杯
¥13
奶茶底
常规
换鲜奶配方|茶底不变
¥3

图2-13　选择框

2. 文本框

文本框是用户输入文本内容的区域。当用户点击文本框区域时会显示键盘，用户点击完成后，应用程序会对反馈的内容进行相应的处理。此外，设计师还可以根据情况对文本框输入内容进行字数限制。（图2-14）

搜索
探索更多
求职招聘
模拟器
动作手游
记账
为你推荐
夸克扫描王 - 极速扫描，就是高效
获取
OldRoll - 复古胶片相机
取消
空格

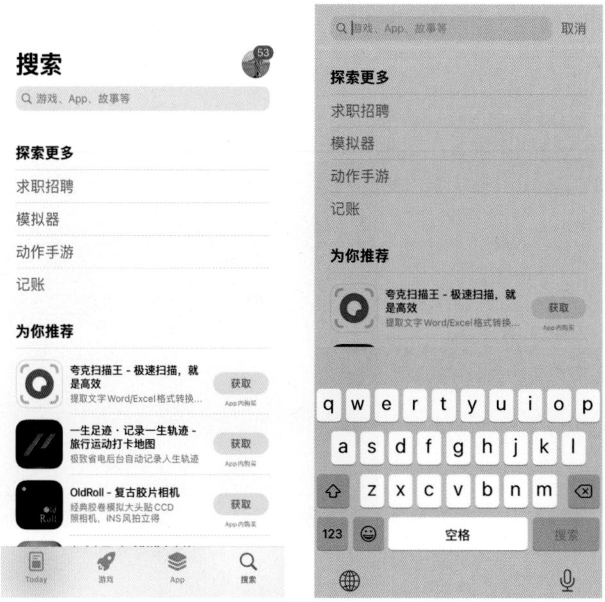

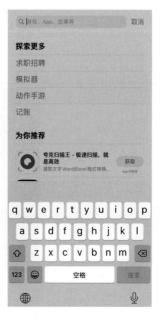

图2-14　文本框

四、按钮控件

按照按钮的内容呈现形式，按钮控件可以分为四种。

1. 背景+文字

这类按钮中只出现文字，设计师在设计过程中要注意保证同一高度的按钮文字到边缘的距离的统一，文字应简洁清晰。例如图2-15所示的App商品详情页界面的底部，一排中同时出现了两个"背景+文字"按钮，分别是"加入购物车"和"立即购买"，这时需要根据主色和辅色设计两套按钮。

2. 图标+文字

这类按钮根据界面具体情况确定是否需要添加背景，通常情况下，图标的颜色常选用产品的主色调。图2-16所示为微信App界面底部导航栏的按钮，采用"上面图标+下面文字"的形式，选中的图标显示为微信的主色调——绿色。

3. 背景+图标+文字

这类按钮通常在文字前加有易识别的图标，从而能够更好地说明当前按钮所表达的含义。如图2-17所示为淘宝App首页顶部的签到按钮和会员码按钮，在"背景+文字"的基础上分别设置了支付宝和淘宝的图标，使按钮功能更加明确。

4. 纯文字或纯图标

纯文字的按钮如"设置""取消""首页"等，通常会放在顶部或底部导航栏上，由于位置的特殊性，字数会做限制，中文一般不宜超过4个字符。而纯图标类的按钮则更为简洁清晰，具有装饰、收藏或转发等简单功能。图2-18所示为小红书App首页底部导航栏按钮，用文字直接作为按钮，清晰简洁，中间的发布笔记的按钮则为纯图标，两种按钮风格对比强烈，功能划分明晰。

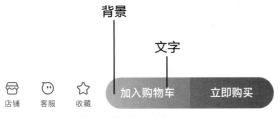

图2-15 淘宝App商品详情页界面底部按钮

图2-16 微信App界面底部导航栏按钮

图2-17 淘宝App首页顶部按钮

图2-18 小红书App首页底部导航栏按钮

五、浮层控件

1. 模态浮层

模态浮层又称为对话框，是一种重量级的提示，会打断用户的操作行为，强制用户进行操作，否则不可以进行其他操作。需要注意的是，这类浮层弹窗设计可以富有趣味性。如图2-19所示的动物餐厅和消灭形象这两款手机游戏中的模态浮层设计，分别加入了一些小图标或插画，可起到降低用户玩游戏被打断时所产生的负面情绪的作用。设计师如要设计选择命令，尽可能避免选择过多，内容简单明了即可。

图2-19　游戏App模态浮层设计

2. 非模态浮层

非模态浮层是一种轻量级提示，它悬浮在当前页面场景之上，一般定位在页面中心位置，也有些位于边缘位置，但都不会影响用户操作，用户可以不回应。非模态浮层通常有时间限制，出现一段时间就会自动消失，主要用于通知用户出现了一些非关键性的问题。（图2-20）

图2-20 非模态浮层

初学者可以结合自身平时常用的App，分析界面中的不同控件及设计要点，从而更好地消化和吸收，并在日后的界面设计中灵活应用。在设计时，设计师需要分析产品的调性，统一控件的形态外观、风格、配色，注重控件的交互设计能否与用户产生较好的互动效果。扫描二维码观看视频2-1，深入学习控件的分类和设计。

视频2-1

第三节 图标设计

一、图标的概念

图标一般是指显示在智能设备屏幕上的小图像，用于表示不同的应用程序、功能或文件夹。图标在现今的交互界面中广泛存在且十分重要，是用户与产品之间最简单的交流形式之一。它们通常由简单的图形、符号或文字组成，其设计目的是提升界面可用性和直观性，并让界面更加易于使用和理解，帮助用户快速导航。图标的设计需要考虑到视觉识别性、美学吸引力以及与操作系统用户界面的一致性，以提升用户体验和操作效率。

图标作为智能设备上各应用程序、功能文件的视觉标识，承载了多重功能和设计考量。其演进历程可以分为几个关键阶段。

1. 早期的图标设计

20世纪80年代，在移动应用刚兴起的时期，数字时代的图标开始出现。此时的图标设计相对简单，主要注重于应用程序的视觉呈现，使之能够更加直观地传达信息，以便更多人可以轻易理解并接触到个人电脑，消除传统代码界面造成的隔阂感与距离感。例如，1981年施乐之星的GUI的图标设计由矩形和圆角矩形组成，文件夹和文档的折角样式被沿用至今。（图2-21）此外，iOS早期版本经典的Macintosh笑脸、USB图标等都为简单的图案和文字结合。（图2-22）

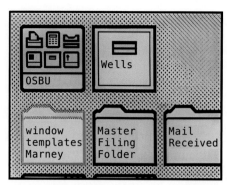

图2-21 施乐之星界面中的文件夹与文档图标

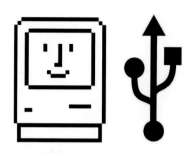

图2-22 iOS早期版本的Macintosh笑脸、USB图标

2. 现代的图标设计

随着移动操作系统界面设计向平面化转变，图标设计趋向简洁、扁平化，减少了不必要的细节和阴影，强调颜色和形状的简单性。（图2-23）而在Google推出Material Design后，图标的现代设计风格逐渐凸显，开始更加注重阴影、动态效果和深度感，同时又保持了简单性和清晰的辨识度。

图2-23 现代图标设计的扁平化风格

3. 图标设计的未来趋势

随着应用市场的竞争加剧，图标设计越来越强调个性化和与众不同，一些应用往往会选择非传统的颜色、形状或抽象图案来突出品牌特征或吸引用户注意。此外，最近一些应用开始采用动态或交互式的图标，例如显示未读消息数目或实时更新应用状态，表情图标从emoji到animoji和memoji，平面的表情图标可以结合用户的表情，

图2-24 用户表情图标

实时地动态立体呈现。（图2-24）而最近发布的Vision Pro，将我们所熟悉的各种App图标在空间中更加生动地还原出来，加入了分层的概念，让图标可以随着人目光的变化，传达更加真实和灵动的感受，使原先存在于数字世界中的各种App仿佛出现在了现实世界中。这种趋势增强了用户与应用之间的互动性和即时感。

图标的演进历程反映了技术进步、设计趋势和用户体验的变化。从简单的标识到复杂的动态图标，图标设计的每个阶段都试图在保持品牌识别度的同时，提升用户体验和吸引力。

二、图标的分类

图标分为品牌图标、功能图标和装饰图标三种类别，每种类别都有其独特的设计特点。

1. 品牌图标

品牌图标是新媒体界面上用来代表特定品牌或公司的标志，通常具有独特的标识性和视觉识别度，能帮助用户快速识别并建立品牌关联。设计师在设计时应避免使用过多的文字和颜色，要使品牌图标在小尺寸下依然清晰可辨，适应不同的设备和操作系统上的展示效果等。品牌图标在视觉设计上一般有以下几类。（表2-1）

表2-1 品牌图标的分类

类型	特征与案例
品牌名称首字母类	图标使用品牌产品的首字母或首个汉字，以直观表达品牌名称，易于记忆
品牌名称全称类	以品牌名称的全称准确传达产品名称信息和核心业务功能，易于识别
符号图形类	纯图形或符号能凸显品牌的主要功能，让用户一见便知该产品的用途
品牌形象类	以品牌塑造的IP卡通形象做图标，使用户信任、喜爱产品，建立情感纽带

2. 功能图标

功能图标用于表示应用程序或操作系统中的具体功能或操作，它们的设计通常要求简单清晰，能够快速传达其功能。在操作系统中，一些具有交互功能的图标，如标签栏中的"首页""我的"图标，以及"转发""下载"等按钮图标，能够帮助用户快速理解当前操作。（图2-25）

图2-25 功能图标

3. 装饰图标

装饰图标具有美化作用，主要用于增强用户界面的视觉吸引力。它们不直接表示特定功能或品牌，而是通过形状、颜色和设计风格来装饰界面或区分内容。应用程序界面中常见的装饰图标包括分隔线、箭头、小点和花纹等。图2-26所示为代金券、信息填写装饰图标，它们能够使界面看起来更加有序和吸引人，而不会干扰到功能的传达。

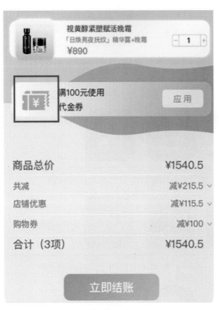 

图2-26　代金券、信息填写装饰图标

三、图标的设计原则和设计规范

图标的设计原则和设计规范主要包括简洁性与可识别性原则、一致性与差异性原则、用色原则、大小规范以及排版对齐方式规范。

1. 简洁性与可识别性原则

简洁性与可识别性原则是图标设计的核心原则，要求图标设计简洁明了，确保图标能够快速、直观地传达其所代表的概念或功能信息，降低用户理解成本。图2-27中的四个图标各不相同，其中一些包含了数种颜色或是采用渐变色，但是都避免使用大量文字，而是使用简单的图形或公司标志作象征，突出品牌特点，提高了可识别性。

此外，图标设计要考虑到不同的显示设备和分辨率，因此要保证在各种尺寸下都能保持清晰和有效，还需要对图标进行多场景测试。

2. 一致性与差异性原则

一致性指图标的设计风格、颜色和形状应该与应用程序或品牌的整体视觉识别系统保持一致，以提升品牌的连贯性和识别度。而差异性则强调在同一界面中的多个图标之间应有明显的区别，使观察者能够轻易地区分它们。如图2-28所示为支付宝界面的主题图标，除使用蓝色品牌标志色与扁平化图标外，还使用了适当的橙色系图标作为区分。

3. 用色原则

用色原则涉及图标的色彩使用，通常建议使用四色系，如红、黄、蓝、绿等，以保证用色的合理性。这些颜色符合大多数业务场景属性。但设计师在用色时要谨慎，选择一种或两种与品牌或App风格相符的主题色彩就足够了，以保持简洁性和一致性。例如，Office系列软件的图标每种都选择了一个主色，清晰明了。（图2-29）纯黑色的使用可以突出图标的格调与高级感，尤其是在传达品牌特性和产品特性时使用黑色更为醒目。（图2-30）

图2-27 图标的简洁性与可识别性

图2-28 支付宝界面主题图标的一致性与差异性

图2-29 Office系列软件的图标

4. 大小规范

图标的最佳尺寸和比例需要根据使用场景和平台要求确定，以确保它们在不同设备上显示时仍能保持清晰和吸引力。图标一般在1024×1024px的画板中制作，使用的时候可进行等比缩放。（图2-31）此外，选择多种大小比例的图标会使界面更具有表现力和吸引力，如图2-32所示为苹果手机界面的小组件图标比例。

5. 排版对齐方式规范

排版对齐方式在图标设计中也占据重要位置，合理的对齐方式和间距可以增加图标的可读性和美感。常见的对齐方式包括左对齐、居中对齐和右对齐等，这些都有助于提升图标的整体视觉效果和用户体验。

图2-30 得物App首页标签栏图标

图2-31 图标大小规范

图2-32 苹果手机界面小组件图标比例

第四节 按钮设计

一、按钮风格变迁

按钮设计在用户界面设计中非常重要，它直接影响用户的操作体验和界面的互动性。现代按钮的设计风格主要经历了以下三个阶段的发展历程。

1. 拟物化风格阶段

在此阶段中，按钮设计风格是提取设计对象的功能特征，将材质纹理、光影和颜色相结合，把物体的视觉特性融入数字设计，创造出一种实物感，即拟物化风格。（图2-33）

2. 扁平化风格阶段

扁平化风格阶段的按钮特点是简洁、内容清晰易懂，避免使用渐变、纹理、浮雕等装饰元素。（图2-34）

图2-33 拟物化风格按钮

3. 多样化风格阶段

如今，按钮设计风格跟随界面设计风格的变化而变化，呈多样化发展的趋势。其中比较有代表性的是材质设计（Material Design）。它旨在为手机、平板电脑等各类平台提供更一致、广泛的设计语言。其设计特点是大胆夸张、灵活、跨平台。（图2-35）

图2-34 扁平化风格按钮

图2-35 Material Design风格按钮

扫描二维码观看视频2-2,可深入学习按钮风格的变迁。

视频2-2

二、按钮设计原则

在设计按钮时,设计师需要遵循以下几点原则。

1. 品牌风格统一

按钮的风格要和品牌的颜色、视觉风格一致。在设计时,设计师可以从品牌标志或图标中借鉴材质、形状、颜色、字体、配图等。如图2-36所示的麦当劳麦乐送点单页的界面截图,其中显示的"选规格"与"去结算"按钮中的背景色,都与麦当劳标志中的标准黄色一致。同理,饿了么App中"选规格""去结算"的按钮背景色,也和其App图标中的标准蓝色一致,这样的统一感更能彰显品牌的识别性。

2. 分清主次和对照

分清主次指的是界面设计中的按钮应分为主要按钮、次要按钮和一般按钮。主要按钮设计需要从大小、颜色、图形上考虑,以此吸引用户注意,增加用户点击量。如图2-37所示界面中"添加到购物袋"按钮相比其他按钮在颜色、大小和图形上都比较显眼。

图2-36 麦当劳和饿了么App中的按钮设计

图2-37 按钮的主次和对照

3. 位置

按钮在界面中的位置不同所产生的视觉效果是不同的。如图2-38所示，主要按钮放置在了视觉中心或视觉重心上，以便用户可以第一时间注意到。

4. 文案

按钮中的文案需清晰、简洁，使用户能立即明了需求。图2-39所示的App设计的四种不同文案的按钮，希望唤起用户重新下载软件的兴趣，这种情况下按钮的文案还需要考虑到情感性。

5. 留白

按钮中的留白设计能使用户注意到按钮的视觉中心。在如图2-40这类背景插画颜色和画面极其丰富的情况下，适当的留白处理更能凸显出按钮的设计意图。

图2-38 不同位置的按钮产生不同效果

图2-39 按钮的文字设计

图2-40 按钮的留白处理

三、按钮状态设计

按钮的状态一般指的是用户点击一个按钮后，这个按钮通过大小形态的变化传达给用户的实时反馈。按钮有不同的状态，在不同状态下的按钮设计一般有以下四种形态。

1. Normal正常状态

该状态即鼠标或手指没有接触到按钮时的状态。正常状态下的按钮一般被设计成正常明暗度。

2. Hover悬浮状态

该状态是指网页端鼠标移上去时的状态。因为它只是一个视觉上的反馈，并无实际作用，所以一般在移动端并不考虑该状态。设计时通过变亮和增加氛围来营造按钮悬浮状态效果。

3. Click点击状态

该状态指鼠标或手指按下去时的进行状态。该状态一般没有具体设计规则。

4. Disable禁用状态

此状态下按钮不可操作。禁用状态时一般是将按钮进行变暗设计。

图2-41是两个拟物风"start"按钮作品，做的是正常状态、悬浮状态以及禁用状态下的按钮效果。在这两个作品中，设计师重点设计表现了Hover悬浮状态或者Click点击状态，以此与其他状态的按钮在视觉上形成鲜明的对比效果，例如面包从面包机里弹出来的效果、兔子耳朵弹出爱心效果等。设计师通过反差、氛围感烘托等手法表现按钮状态的不同，主要表现的是"start"这个功能点。

图2-41　正常状态、悬浮状态、禁用状态下的拟物风按钮

第五节 文字规范

图2-42　文字左对齐和居中对齐

一、文字的编排

文字是界面设计中最不可忽视的基础部分，也是最细节的部分。在界面文字设计过程中设计师要考虑两大因素：文字辨识度和界面易读性。为了提高文字辨识度和界面易读性，设计师在进行文字编排时要注意文字在界面中的布局和排版技巧，如文字的对齐、行距、段落间距、字间距等基础设置。

1. 对齐

文字对齐是确保版面整洁和文字易读的关键之一。主要的对齐方式包括左对齐、居中对齐、右对齐和两端对齐。在多数情况下，左对齐和居中对齐是最常用的，因为它们提供了良好的视觉引导作用。图2-42所示为QQ

音乐和网易云音乐两款App在歌词排版时使用文字左对齐和居中对齐两种对齐方式呈现出来的效果。

2. 行距

行距指的是行与行之间的间距，也称为行高。界面中适当的行距可以增加文字的可读性，一般建议行距设置为文字大小的1.2—1.5倍。过小的行距会让文字显得拥挤，难以阅读；过大的行距则会使文字看起来松散和不紧凑。

3. 段落间距

段落间距指的是段落之间的垂直空间，用来区分不同段落之间的逻辑关系。设置适当的段落间距可以增强段落之间的分隔感和整体排版的清晰度。

4. 字间距

字间距是指字与字之间的水平间距。适当的字间距可以调整单词或短语的外观，使其更易读或更紧凑，呈现出所需的视觉效果。

二、文字的使用规范

在任何一个有效的界面里，有层次的设计可以将界面上重要的部分与次要的部分区分开来。文字的使用规范主要涉及文字的字体、大小、行宽与长度、颜色等方面的内容，当所有这些都调整运用得适当时，整个界面的可读性将得到提高。

1. 文字字体

选择适合界面的字体是非常重要的。一般来说，界面设计中常用的字体有无衬线体（如Arial、Helvetica、微软雅黑、黑体）和衬线体（如Times New Roman、Georgia、宋体、仿宋）两大类（图2-43）。无衬线体常用于数字显示和小尺寸文本中，衬线体则在大段文字中更易读。

图2-43 常用的无衬线体与衬线体的呈现效果

此外，等宽字体、手写字体、装饰字体等是相对较少运用但重要的几种界面设计字体。等宽字体里面的每个字母都有相同的宽度，通常用于显示程序代码等。Courier是默认的等宽字体，这种字体打出来的中文每个笔画都是等宽的。手写字体比较有个性，通常用于标题、logo等，一般没有默认字体。英文中的Comic Sans MS，中文中的行书系列、草书系列等字体都可以算作手写字体。装饰字体多数用于标题，极具个性，字体繁多，为艺术字体。

2. 文字大小

文字大小只是一个范围，实际运用时应根据文本的用途、上下文和设计的视觉效果来确定，没有严格的大小标准。主标题通常比正文大，标签和细节文字则较小。网页界面设计中正文文本的字号为14—16pt，标题可以更大，例如20—24pt。（字号要用偶数，都是4的倍数）而因为移动设备空间小，环境光通常比较微弱，所以设计师在文字字号的选择上更要多注意。App界面设计常用到32pt、28pt和24pt这三种字号。

3. 文字行宽与文字长度

文字行宽是一行文字的长度。舒适阅读的理想行宽是50个英文字符或20个中文字符左右。文字长度指的是文字段落的长短。长段落的文字会使阅读体验变得困难，因此建议将段落长度控制在适当的范围内，以提高易读性。

4. 文字颜色

界面中的文字分为三个层级，包括主文、副文、提示文案。不同层级的文字会使用不同的字号、字体、颜色和背景，以做出区分。文字颜色应与背景对比明显，以确保文字清晰可读。常见的对比颜色组合包括黑色文字与白色背景或白色文字与深色背景。在白色背景下，字体的颜色层次其实就是黑、深灰、灰色，常用的色值是#333333、#666666、#999999。（图2-44）除了基本的黑白对比外，设计师还要考虑到颜色的饱和度和亮度，以确保文字在不同设备和环境中都能清晰可见。

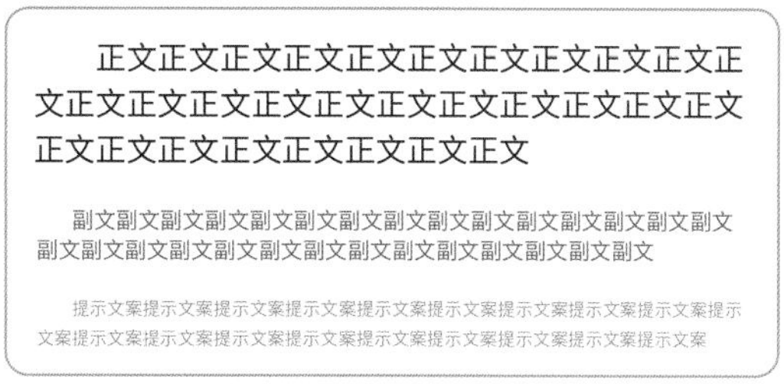

> 正文
>
> 副文
>
> 提示文案提示文案提示文案提示文案提示文案提示文案提示文案提示文案提示文案提示文案提示文案提示文案提示文案提示文案提示文案提示文案提示文案提示文案

图2-44 常用的白色背景与黑色文字

第六节　项目实例

项目一：手机主题界面图标设计

1. 项目要求

本项目将为手机主界面设计一套中国风、扁平化风格的"国风雅韵"主题图标，包括日历、天气等应用程序的图标视觉设计，以美化用户界面、提升用户体验和提供个性化定制。

2. 设计流程

在设计手机主题界面图标时，设计师需要按照以下步骤进行考虑。

（1）首先需要确定图标设计风格和主题。如果是为了一个品牌或公司做设计，图标设计应与该品牌的整体视觉识别系统一致。同时设计师可根据目标用户群的偏好和趋势选择设计风格，如仿真风格、水晶透明风格、扁平化风格、插画风格、Material Design风格等。（图2-45）

图2-45 各种风格的主题界面图标

（2）其次需要确定图标的形状和配色。一般图标有正方形、圆形、小倒角、超大倒角、混合形态几种类型。（图2-46）

一套主题界面图标应有统一的配色，通常不超过三种。以下是一些主题界面图标的配色方案。（图2-47）

（3）最后使用专业设计工具，如Adobe Illustrator、Sketch等绘制图标，确保图标在不同尺寸和分辨率下都能保持清晰。

图2-46 不同形状的图标

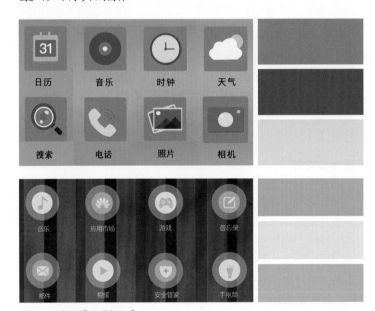
图2-47 主题界面图标配色

3. 设计实践

（1）确定主题。本案例以中国风为主题进行"国风雅韵"主题界面图标设计。中国风是一种建立在中国传统文化基础上、蕴含大量中国元素并适应全球流行趋势的艺术形式。中国风设计追求古韵风味的画面质感、素雅的色彩搭配、留白的"空"意境，是目前UI界面设计的一种新趋势。

（2）图标形状与配色。本案例中的图标形状按照基本图标规范进行设计（图2-48），设计大小为1024×1024px，配色则采用偏古典的红色系和黄色系。（图2-49）

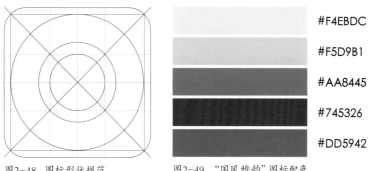

图2-48 图标形状规范   图2-49 "国风雅韵"图标配色

#F4EBDC
#F5D9B1
#AA8445
#745326
#DD5942

（3）图标元素。本案例将我国传统文化中的器物、纹样、行为进行抽象化和符号化，传承国风美学的风格神韵，运用到了很多传统中式语义，例如用日晷代表时间、用算盘代表计算器、用信笺代表邮件、用孔明灯代表手电筒、用状元帽代表联系人等，将古代与今日、传统与现代用视觉语言有机结合。（图2-50）

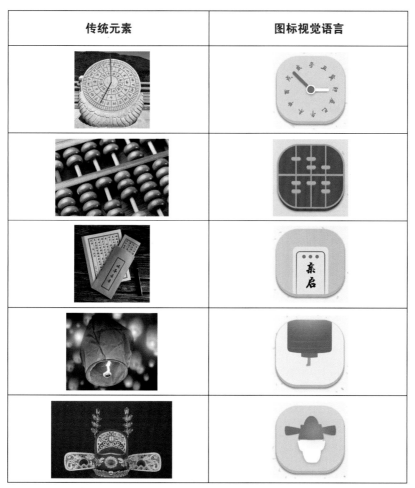

传统元素	图标视觉语言

图2-50 传统元素融入图标设计

（4）绘制好图标后，将图标在整个页面中进行排布。根据手机界面设计的要求，文字大小为14—16pt，使用无衬线字体。此外，设计师还可以设计一些微件，使之与整体版面相结合。最后效果如图2-51所示。

图2-51 "国风雅韵"手机主题界面图标设计

项目二：MBE风格动态图标制作

1. MBE风格介绍

MBE风格诞生于2015年年底，源于法国设计师MBE在Dribbble网站上发布的一系列作品，直到现在还很流行。MBE开创了这种新的设计风格，因此用他的名字为其命名。MBE的系列作品专攻线框型卡通画风，轮廓较粗且有中断，颜色明快、有错位，整体氛围活泼可爱。（图2-52）

图2-52 设计师MBE的插画作品

2. MBE风格的特点

MBE风格给人最直观的感受就是清新可爱。相比没有描边的扁平化风格，MBE风格采用了更大、更粗的描边，去除了里面不必要的色块区分，更简洁、通用、易识别。粗线条描边起到了对界面的绝对隔绝作用，凸显内容，表现清晰，化繁为简。要制作出MBE风格的图标，设计师需掌握以下这六大特点。

（1）线条。MBE风格毫不避讳地使用比较粗圆的线条勾勒轮廓，在转折过渡处，放弃凌厉尖锐的直角，代之以圆润的弧度展现。

（2）断点。黑色线条的好处是可以突出内容，坏处是会给画面带来压抑感，表现物体缺乏灵动性。MBE风格的一大明显特点就是用数量适当的断点制造透气感。这些断点的处理并不是根据图形去限定个数，其数量多少是跟位置有直接关系的。

（3）溢出。MBE风格除断点以外最大的特点就是色块的溢出，其实这个处理是想表达物体通过光照折射出来的阴影，因为通常溢出的方向都是高光的对侧，以此来打造立体感。

（4）色彩。MBE风格图标会大量使用高饱和度的色彩。MBE风格之所以给人年轻、有活力的感觉，颜色起到了重要作用。此类风格图标大多采用明快、亮丽的颜色。色彩分为单色系、多色系，多色系根据画面的复杂程度来决定使用的多样性。

（5）装饰元素。MBE风格作品中常见的有四类烘托气氛的装饰元素，分别是圆点、圆环、星星和烟花。它们让画面更有层次，而增加表情化的设计元素也使画面更有生机、活力。

（6）适用场景多样。MBE风格图标视觉表现力较强，适用场景有很多，适合交互逻辑不复杂的功能图标，或者色彩分明的展示图标、娱乐化图标。此外，App中闪屏页与引导页也可以使用MBE风格去塑造品牌形象。扫描二维码观看视频2-3，可深入学习MBE风格动态图标的特点。

视频2-3

3. 项目实施

（1）项目确立。本案例将使用Photoshop软件设计制作一个MBE风格动态图标，完成其平面效果和后期的动态效果。

图2-53　绘制静态图标效果

图2-54　绘制动态图标效果

图2-55　导出GIF图像

（2）绘制静态图标。使用Photoshop软件，设置一个1024×1024px、颜色模式为RGB、分辨率为72的画板。利用"基本图形工具""钢笔工具""路径编辑工具"等绘制云朵图标的静态平面图。（图2-53）

（3）制作动态效果。使用Photoshop软件，利用"时间轴"功能，绘制图标帧动画，完成MBE风格图标的动态效果。（图2-54）

（4）保存成GIF。最后将制作好的动态图标导出成GIF格式，完成MBE风格动态图标的制作。图2-55为图标的效果图展示。扫描二维码观看视频2-4，可深入学习MBE风格图标设计的具体操作。

视频2-4

项目三：拟物风按钮设计

1. 拟物风设计特点

拟物风又称拟物化。拟物风按钮的特点是在按钮设计中模拟物品在现实生活中的形态、纹理，把物体的视觉特性融入数字设计。图2-56所示为苹果手机早期拟物风图标，还原了物体的材质纹理和功能特征。

拟物风按钮设计重点是将材质纹理、光影和颜色相结合，创造出细节感和现实感。这就需要设计师本身对不同材质的制作方式十分熟悉，能熟练地使用软件表现橡皮、水果、云朵等不同材质。（图2-57）

图2-56 拟物风图标

图2-57 不同材质的拟物效果

2. 项目要求

运用Illustrator平面设计软件，制作一款芝士蛋糕形状的拟物风"start"按钮。

3. 项目实施

（1）搜索相关素材。通过上网浏览，搜索到需要的相关实物素材，如寻找到图2-58所示的表现淋上糖浆或蜂蜜质感的食物图片，用于借鉴设计制作高光的做法、垂坠流淌的样式；再寻找到可以用于参考配色和款式的夹心芝士蛋糕。

图2-58 图片素材

（2）画图制作。使用现实中的照片作为参考后，再结合立体感的"start"文字，使用Photoshop软件设计出按钮。注意在设计拟物风按钮时，要尽量去模拟物件的质感、光影以及运动方式等，熟练操作不同材质的制作技法。具体实操如图2-59所示。扫描二维码观看视频2-5，可深入学习拟物风按钮设计的具体操作。

视频2-5

图2-59 拟物风按钮效果图

IIIIII 思考与练习 IIIIIIIIIIIIIIIIIIIIIIIIIIIIIIIIIIIIIIIIIIIIIIIIIIIIIIIIIIIIIIIIIIIIIIIIIIIIIIIIIIIIII

1.为某个品牌App设计一套扁平化风格的主题图标（不少于八个），并说明设计理念。可以以下面的HBN图标设计方案作为参考（图2-60）。

2.设计某个App的等待界面刷新控件，要求展示出相应的动态效果。

图2-60 HBN图标设计

第三章 新媒体界面用户体验设计

◆ **知识目标**

1.了解用户体验设计的概念；2.了解用户研究的各种方法；3.了解用户的不同需求。

◆ **能力目标**

1.掌握用户体验设计的流程；2.能够利用竞品分析的方法进行用户体验设计；3.能够绘制用户画像进行用户分析。

◆ **素质目标**

1.树立严谨求实的工作态度，树立正确的职业道德、行业规范意识；2.提升沟通协调能力，培养自身自主分析和解决问题的能力。

第一节 认识用户体验设计

用户体验设计(User Experience Design, UX Design)是指设计师关注用户在使用产品、服务或系统时的感受、情感和态度，并努力提供能够满足用户需求的愉悦、高效的使用体验的过程。它是一门综合性的学科，融合了心理学、人机交互、视觉设计等多个学科的理论和方法。用户体验设计不仅是外观和交互的设计，还是一种关注用户需求和期望的设计思维方式。通过对用户需求和行为进行研究，设计师可以实现提高用户满意度和忠诚度，提升产品的可用性和有效性，创造出更加人性化和符合用户期望的产品与服务的目标。

一、用户体验设计的重要性

用户体验设计在产品开发过程中起着至关重要的作用。良好的用户体验设计可以提高产品的市场竞争力，降低支持成本，增强用户满意度和忠诚度。它不仅限于产品本身，还涉及品牌形象、用户服务和整体用户接触点的设计和管理。我们以一个美食社交App为例(图3-1)来说明用户体验设计的重要性。

1.简洁明了的界面设计

好的用户体验设计有简洁明了的界面，能够让用户快速找到他们

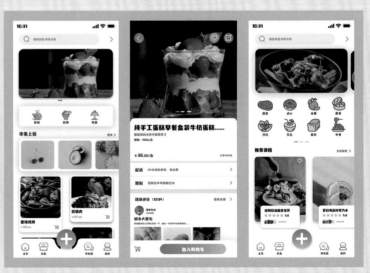

图3-1 美食社交App界面的用户体验设计

想要的商品,并且清晰地了解商品的信息和价格。例如,在首页设置搜索框和分类导航,让用户快速找到自己想要的商品。

2. 流畅的操作体验

用户在购物网站上的操作应该是流畅的,不应该出现卡顿或者加载过慢的情况。好的用户体验设计能让用户购物的操作流程变得简单。例如,设置直观明了的购物车的添加和删除功能。

3. 个性化推荐和定制

好的用户体验设计能够根据用户的喜好和购买历史为用户提供个性化的商品推荐和定制服务。例如,根据用户的浏览历史和购买记录,推荐相关的商品给用户,提高用户的购买转化率。

4. 良好的售后服务

用户在购物网站上购买商品后,可能会遇到各种问题,一个好的用户体验设计能够提供良好的售后服务,解决用户的问题并及时给予反馈。例如,提供在线客服或者售后电话,让用户能够及时获得帮助。

二、用户体验设计的原则

在进行用户体验设计时,主要有以下几个核心原则。

1. 用户中心原则

用户中心原则就是以用户为中心,通过对用户进行研究和分析,了解并满足他们的需求和期望。通过深入了解用户,设计师可以创建出符合用户期望的产品和服务,从而提供更好的用户体验。

2. 简洁性和易用性

简洁性指的是页面的布局设计要尽量简单明了,减少冗余、降低复杂性,让用户能够快速理解信息和使用产品。易用性则强调设计要符合用户的认知和操作习惯,提供一些常用、易于理解的操作功能,并及时给予清晰的反馈和提示,让用户能够轻松上手和操作。

3. 一致性和可预测性

一致性和可预测性可以帮助用户更轻松地了解和使用产品或服务。一致性指的是在整个了解和使用产品或服务中保持相同的元素设计和行为交互模式,使用户能够在不同的界面或场景中快速熟悉和操作,降低用户的学习成本,提高使用效率。可预测性则是指用户能够准确地预测和理解使用产品或服务的反应和结果,从而更加自信地进行操作,强调产品或服务应符合用户的预期。

4. 可访问性和可用性

可访问性指的是设计要考虑到不同用户的需求和能力,使得所有用户(包括残障人士)都能够方便地了解和使用产品或服务。可用性则强调产品或服务易于理解和使用,减少用户的认知负担,提高用户的满意度。

三、用户体验设计的流程

一般的用户体验设计主要有以下几个流程。

1. 用户研究和需求分析

在用户体验设计的流程中,用户研究和需求分析是初期非常重要的一步。通过观察、访谈、调查等方法收集用户的需求和行为数据，设计师可以更好地了解用户的需求和行为，从而为他们提供更好的用户体验和服务。这也能为后续的设计和测试阶段奠定基础和提供重要的指导。

2. 信息架构设计

信息架构设计主要关注如何组织和呈现界面上的信息，以适应用户的需求和行为模式。在信息架构设计中，设计师需要考虑以下几个方面。

（1）信息分类和组织。根据用户需求和产品特点，将信息进行分类和组织，这个过程可以通过创建信息架构图、流程图或者使用卡片排序等方法来完成。信息的层次结构、关联性和可访问性能够帮助用户快速找到所需的信息。图3-2所示为一款户外露营类App的信息架构图，它将页面所需信息以层级形式进行了呈现。

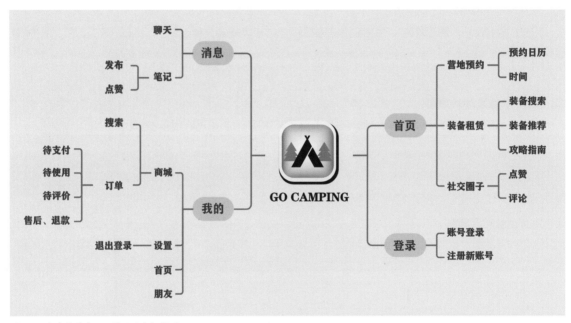

图3-2　户外露营类App界面信息架构图

（2）导航设计。导航是用户在网站或应用中浏览和定位信息的重要工具。清晰、简洁且易于理解的导航系统能够帮助用户快速找到目标信息。

（3）标签和标识。在信息架构中，标签和标识能够有效帮助用户区分不同信息并准确理解信息的含义和分类。

3. 交互设计

交互设计主要指用户与界面之间的互动方式的设计，包括界面布局、导航结构、反馈方式等。这个步骤需要将不同的界面元素有机地组合在一起，设计师应考虑元素的大小、位置和间距，以形成整体的界面结构。

交互设计可以在信息架构设计的基础上通过创建不同的原型来实现。原型可以通过按钮、表单、滑块等模拟产品的交互效果，让设计师和用户更好地了解和测试产品的交互体验。（图3-3）

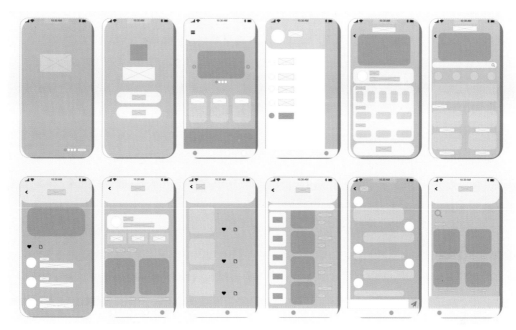

图3-3 交互设计中的低保真原型图

4. 视觉设计

视觉设计主要指通过色彩、图标、字体、排版等视觉元素的运用来设计出直观、易用且美观的界面,提升用户的体验和强化情感连接,传达界面的视觉风格或品牌价值。(图3-4)此外,设计师还需要考虑用户的视觉感知,比如对于色盲用户的友好性和对于不同屏幕尺寸、分辨率的适应性,以确保用户在任何设备上都能获得良好的体验。

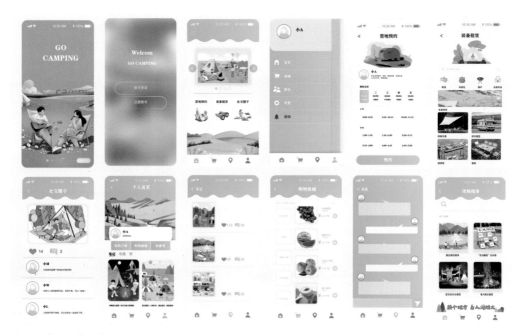

图3-4 界面视觉设计

5. 用户测试和评估

用户测试和评估就是通过对原型或实际产品进行测试，该环节能够帮助设计师了解用户在使用产品时的真实体验和反馈，从而发现问题并改进设计。

第二节 用户需求分析

上一节我们探讨了用户体验设计的重要性、原则和流程，而在新媒体用户体验设计中，了解用户需求是提升最终设计效果的基础。本节我们将深入分析目标用户群体的特征以及需求的类别，通过对其需求的分析，确保最终的设计能够满足目标用户的期望与实际需求。

一、目标用户群体

目标用户群体是市场营销中的一个核心概念，指的是企业或组织在市场营销和产品设计过程中明确确定并专门针对的一组特定的消费者或用户。这些用户群体具有一些共同的特征、需求和偏好，他们也因此成为最适合购买或使用特定产品或服务的群体。

对许多产品或服务来说，用户市场通常是多样化和广泛的。目标用户群体是市场用户细分的一部分，通常是细化而来的一个具体的子群体。这个群体可以基于多种因素，如人口特征、消费习惯、需求心理、媒体接受习惯和接受态度、收入水平和消费能力以及对同类产品存在的不满等而形成，一个用户群体通常具有相似的特征和需求。确定目标用户群体有助于设计师深入了解目标用户的需求和偏好，并设计出符合用户期望的产品和服务。

二、目标用户群体的特征

1. 人口特征

人口特征是区分目标用户群体的首要因素。例如，哔哩哔哩网站的主要用户是青少年群体，界面信息量大而跳跃，（图3-5左图）而小年糕App的主要用户是中老年群体，界面整体简洁、清晰（图3-5右图）。通过这样的细分，设计师可以更准确地确定产品界面设计的大方向。

2. 使用习惯和需求心理

用户的使用习惯和需求心

图3-5 针对不同人口特征的App界面

理也是定义目标用户群体时要考虑的重要因素。假设一家公司开发了一个高端咖啡线上售卖平台，他们可能会把目标用户群体定位为有高品质咖啡需求的年轻、专业人士，因为此类人群相较而言更注重咖啡品质、设计时尚和使用便捷。

3. 媒体接受习惯和态度

了解目标用户如何接收和响应媒体信息对于营销策略至关重要。例如，新中产人群对互联网的使用黏性更强，使用程度更深，这要求企业在数字化渗透加深的背景下，提供符合他们使用习惯的内容和平台。

4. 收入水平和消费能力

了解目标用户的经济状况有助于企业制定合理的价格策略和促销活动。例如，新中产人群首先关注的是消费体验，其次才是价格和健康等因素，这表明他们在选择产品或服务时会更加注重品质和体验。

三、用户需求类别

一般来说，用户对新媒体界面的需求主要包含以下四个方面。

1. 信息需求

当今的信息传播速度越来越快，不同用户所需要信息的速度、真实性也都各有不同。以下是一些常见的用户信息需求以及相关案例。

（1）实时性信息需求。新闻事件一般是比较典型的实时性信息。例如，各大主流媒体在重大新闻事件发生时会实时更新报道，以确保用户可以在第一时间获取最新的信息和动态。

（2）深度信息和全面性信息需求。一些用户可能对某一特定主题或事件（比如一项科技创新研究的具体细节）的详细报道感兴趣。科技类网站，如科技创新网、TechCrunch可以提供深入的技术解读和专家分析，以满足用户对深度信息的需求。

（3）可信度和权威性信息需求。用户在浏览专业相关的信息时会倾向于相信权威的专业网站。例如，健康时报、WebMD等与健康相关的网站可以组织医学专家团队编写健康文章，提供医疗建议，以满足用户对权威性知识的需求。

（4）视觉吸引力和多媒体体验需求。精美的图片与音视频、简洁的界面可以让一些对文字不敏感的用户更容易接受界面上的信息。例如，美食类媒体平台界面就常常通过精美的短视频展示食物制作过程，同时提供清晰的步骤说明和高质量的图片，以吸引和调动用户的视觉和味觉感官，增强用户的多媒体体验。

图3-6所示为不同信息需求给界面带来的不同效果。例如，实时性信息，简单、清晰；深度信息和权威性信息，文字较多；多媒体信息，视觉吸引力较大。

图3-6 不同信息需求的界面效果

2.交互需求

用户对界面的交互需求涵盖了多个方面，这些需求可以通过改善设计和功能来满足，以提升用户体验和使用效率。以下是一些主要的交互需求。

（1）直观性和易用性需求。直观性和易用性是交互需求中的关键因素，用户通常希望界面能够易于学习和使用，希望能够快速了解如何与界面进行交互，减少学习成本，提高使用效率。因此，创造一个直观且易用的界面不仅能提升用户的操作体验，也能有效提升用户对界面交互的整体满意度。较为经典的例子是以简洁直观著称的苹果手机的iOS界面设计，使用者可以通过触摸、滑动等简单的手势进行操作。这种设计减少了用户学习成本，提升了界面的易用性。此外，互动方式会随着技术的提升而发生变化，界面会产生不同的效果。（图3-7）

图3-7 iOS交互方式的变化

（2）响应性和流畅性需求。注重界面的响应性和流畅性能够确保用户在不同设备上都能获得一致且顺畅的操作体验。这意味着，无论是在手机、平板电脑上，还是在台式电脑上，用户都能够快速加载内容，顺畅切换功能，并在交互过程中感受到即时反馈。如Google的Material Design框架，它适用于各种移动设备和桌面平台，既提升了用户的操作效率，又增强了用户的参与感，提升了用户对产品的信任度。

（3）可访问性需求。界面应该考虑到不同能力和具有特殊需求的用户，例如有视觉障碍、听力障碍或运动障碍的用户，尽可能为他们提供辅助功能和适当的反馈，以确保所有用户都能够访问和使用界面。

（4）美观需求。是指用户希望界面具有吸引力和视觉上的舒适感，具备合适的色彩、布局、图标和字体等视觉元素，以及美观、一致的用户界面。

3. 社交需求

用户在新媒体上需要有一定的社交需求。例如，用户希望通过界面与他人进行互动，包括评论、点赞、分享内容等。这些互动不仅能增强社交体验的真实感，还能帮助用户建立起更多的社交联系。此外，用户也需要通过新媒体界面快速、方便地与朋友、家人或同事进行沟通，各类App的消息发送、语音通话、视频通话等即时通信功能便是为了满足这一类需求。

在此基础上，许多用户希望能够清晰地看到自己的社交网络，包括朋友列表、关注者和关注对象，以便管理社交圈子和与不同群体互动。同时，他们又希望能够保障自己的隐私不被侵犯，能够有控制权限，自己决定自己信息的可见性和分享范围，并要求平台能够保护他们的个人数据不受侵犯。

4. 个性化需求

用户在使用新媒体时，会有许多个性化的需求，主要分为两个方面的内容。

（1）个性化内容推荐。用户希望新媒体平台能够基于其历史浏览记录、点赞、收藏等行为判断其兴趣和喜好，根据其兴趣和喜好提供个性化的内容推荐。如今，许多社交媒体平台，如抖音、小红书、Youtube等都会进行个性化内容推荐。

（2）定制化用户体验。用户希望能够根据自己的偏好和使用习惯，定制界面的显示方式和布局。例如，用户希望可以选择显示的主题、字体大小和颜色等，以及设置通知和提醒的方式，或是在社交媒体界面上能够自定义个人资料、发布动态、与其他用户互动的方式，利用分组、小组件等方式调整手机桌面的排版等。（图3-8、图3-9）

图3-8 小红书App、微信App个人资料个性化设置　图3-9 手机主页面个性化设置

第三节 用户研究方法

在用户体验设计中，通过明确目标用户群体的概念、特征和需求类别，设计师能够更精准地识别用户的期望与痛点。接下来，我们将探讨多种用户研究方法，包括用户调研、用户行为分析、用户画像、竞品分析、故事板、用户体验地图等，通过系统的研究手段获取更全面的用户洞察。这些用户研究的方法会为后续新媒体界面的设计决策提供坚实的用户资料支持，以确保最终产品能够真正满足用户需求。

一、用户调研

用户调研是用户体验设计过程中至关重要的一环，它通过系统性的方法和技术来收集和分析用户的需求、偏好和行为，能够更好地了解和满足用户的期望。以下是几种常用的用户调研方法和它们的特点。

1. 问卷调查

问卷调查一般通过设计结构化的问题，大规模收集用户反馈和数据。这种方法可以快速了解大众需求、市场趋势和用户偏好，适合收集定量数据，可以覆盖大量用户群体，但可能限制用户的自由表达和深度理解。

问卷问题一般设计在15—25个，作答时间在5—10分钟，题目需要简洁、清晰，避免使用专业术语和出现导向性问题，答案数量适中。根据形式的不同，问卷一般分为开放式问题、闭合性问题、评分问题、排序问题等几种类型。如果我们要对一款App的视觉设计效果进行调研，可以用以下形式来设计问题。（表3-1）

表3-1　问卷问题设计形式

问题类型	问题设计形式
开放式问题	请简要描述您对该 App 视觉效果的看法
闭合性问题	您认为哪种颜色更符合该 App 的视觉设计要求 A. 红色　B. 蓝色　C. 黄色　D. 绿色
评分问题	请您对该 App 的视觉效果按从 1 到 10 的顺序进行评分，10 代表非常满意，1 代表非常不满意
排序问题	请将以下选项按照您的喜欢程度进行排序 A. App 布局　B. App 颜色　C. App 字体　D. App 排版

2. 用户访谈

用户访谈是一种与少数用户进行深入交谈的用户研究方法。这种方法能够深入了解用户的思维过程、情感体验和使用需求，提供详细和具有典型用户特质的数据，适用于探索用户的独特需求、对产品的深层反应以及解决用户问题。

用户访谈需要遵循一定的流程和技巧以确保访谈的有效性和效率。访谈前，需要确定时间安排，列一个提纲以明确谈话主题；访谈时，力求真实，不能随便对受访者说的话进行评价，并需要随时记录；访谈结束后，需要梳理与总结。

3. 焦点小组访谈

焦点小组是由多名用户组成的小组，通过开放式讨论和交流，收集群体意见和共识。焦点小组访谈可以促进参与者之间的互动和意见交换，可以探索群体动态和共同问题，一般适用于深入了解群体的共同体验、态度和价值观，揭示潜在的集体需求和趋势。

焦点小组访谈需要注意的是，参与的人员数量一般为8—12人，最好是有相同背景的人员，这样可以确保讨论的聚焦和深入，此外还需要主持人能够带领讨论，做好内容记录。

二、用户行为分析

用户行为分析这种方法一般针对企业或商家，是通过收集、记录和分析用户在使用产品或服务时的实际行为和交互数据，以揭示用户的偏好、习惯、需求及其对产品的反馈。这种分析能够使设计师更好地了解用户行为背后的动机和模式，从而优化产品设计，提升用户体验和市场竞争力。

用户行为分析一般包括用户数据收集、用户数据分析、设计优化这几个关键流程。

（1）首先追踪用户在界面中的导航路径和流程，了解用户如何浏览和使用不同功能。

（2）然后使用统计和数据分析工具，如Google Analytics、Mixpanel、百度统计等，对收集到的数据进行量化分析，包括用户访问量、页面停留时间、转化率等，在过程中识别用户的常见行为模式和习惯，例如哪些功能使用频率较高、哪些页面访问较少等。

（3）最后根据用户的历史行为和偏好提供个性化的产品建议和推荐内容，提高用户参与度和满意度。图3-10所示为网购App的用户行为分析，从行为、时间、产品、用户四个维度进行数据收集和分析，为后续的界面优化提供依据。

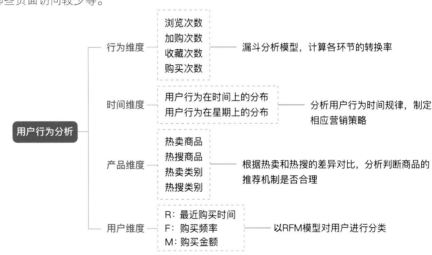

图3-10 网购App的用户行为分析思路

三、用户画像

用户画像是对市场调研收集的用户的个人信息、行为模式、兴趣偏好等数据进行分析后形成的对用户特征和行为习惯的描述和总结，一般是以虚拟人物形象的形式呈现。用户画像能够帮助企业进行更精准的市场定位、市场营销和个性服务化，提升用户体验和满意度。

用户画像一般包括基本信息、兴趣偏好、行为习惯、心理特征等细分特征。

1. 基本信息

基本信息包括年龄、性别、地理位置、家庭情况、职业、教育程度等基本人口统计特征，这些信息有助于确定用户的一般特征和生活背景。

2. 兴趣偏好

兴趣偏好包括用户对于特定领域、主题或产品的兴趣偏好，例如喜欢的电影类型、音乐风格、运动等，也包括用户的消费习惯、购买动机等，这些信息都可以帮助了解他们的消费行为和品牌偏好；此外，还包括用户对技术和设备的使用偏好，例如使用的操作系统、设备类型（手机、平板电脑、台式电脑）、浏览器等，这些信息有助于优化用户体验和界面设计。

3. 行为习惯

行为习惯包括用户在互联网上的行为习惯，例如浏览的网页、搜索的关键词、购物的偏好、购买的产品类型、购买频率、消费金额等，以及他们使用某个产品或服务的频率、购买决策过程、在线活动和互动方式等。

4. 心理特征

心理特征包括用户的个性特点、核心价值观、态度、行为准则和情感倾向等，了解这些信息有助于产品及界面与用户进行更好的交流。

绘制用户画像时，设计师可以使用手绘、软件绘制或者到在线平台（如BoardMix等）绘制，以用户卡的形式呈现，描述时还可以添加一些图片、表格、便签，使用户画像清晰、简洁，更有吸引力。（图3-11、图3-12）

图3-11 美食类App用户画像

图3-12 户外露营类App用户画像

四、竞品分析

竞品分析是一种系统性的研究方法，旨在深入了解和比较市场上的类似产品或服务。通过竞品分析，企业可以获取关于竞争对手的详细信息，包括他们的产品特点、市场定位、市场份额、营销策略、用户反馈等，以便制定更有效的市场战略和产品发展策略。

竞品分析设计要素主要涉及以下内容。（表3-2）

表3-2 竞品分析设计要素

分析角度	具体要素
客观方面	（1）产品的市场布局状况 （2）数据情况（全还是不全，专业程度） （3）操作情况（刷新、页面跳转、查询等） （4）界面情况（视觉、布局） （5）产品详细功能点（常规功能、特色功能、实现程度如何）
主观方面	（1）用户流程分析（可用性、易用性等体验，喜恶程度） （2）内部产品的优势与不足等

做竞品分析主要有如下步骤。

1. 明确目标、选择竞品

在生命周期的每个阶段，产品的目标是不一样的，竞品分析的目标也会根据产品目标的变化而有所不同。在做竞品分析之前，设计师需要了解产品当前所处的阶段，是探索期、成长期，还是成熟期、衰退期；接下来就需要筛选分析的目标，选择竞品。竞品又分为直接竞品、间接竞品和关联竞品等。直接竞品是与产品或服务直接竞争的品牌和公司；间接竞品是虽然不直接参与竞争，但在同一市场上提供类似解决方案或替代品的品牌和公司；关联竞品是与产品不存在竞争关系，但其营销方式、设计风格可以与产品相关联的品牌和公司。图3-13所示为一款护肤品牌App所涉及的部分竞品以及相关关系分析。

图3-13 护肤品牌App部分竞品

2. 收集竞品信息

明确目标和选择竞品后，设计师应当收集关于竞品的特征和功能、市场定位和目标受众、营销和销售策略、用户反馈和评价等几个方面的内容。具体来说，包括以下信息。

（1）特征和功能。竞品的功能、性能特点、定价策略等。

（2）市场定位和目标受众。竞品的目标市场、受众特征、定位策略以及市场份额。

（3）营销和销售策略。竞品的品牌营销活动、促销策略、分销渠道以及销售模式。

（4）用户反馈和评价。用户对竞品的评价和意见，了解用户体验情况和满意度。

3. 比较和分析

从收集到的竞品信息中，设计师可以对比竞品的特征和功能，发现差异和各自优劣势，对比竞品的市场定位和目标受众，找出产品在市场中的差异化机会。从界面体验设计这个角度出发，设计师可以在战略层、范围层、结构层、框架层、表现层几个层面上进行分析。

（1）战略层分析。以表格形式简要概括产品介绍、产品功能、使用场景、产品定位、产品特色、产品风格、交互体验、用户定位等。（图3-14）

（2）范围层分析。主要对比功能和内容差异，对比竞品核心功能、基础功能，了解功能之间的架构关系。（图3-15）

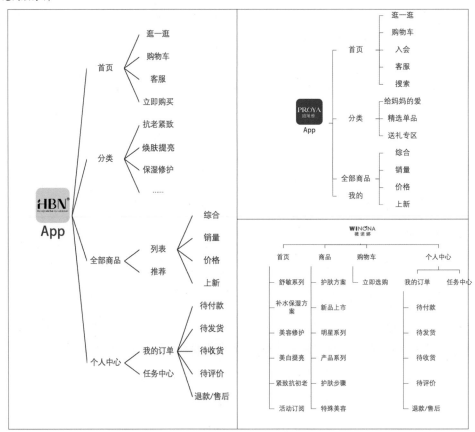

图3-14 战略层分析

竞品	产品定位	产品特色	产品风格	交互体验
HBN	只用有效成分，唤醒肌肤本美 主打：抗敏和抗初老	产品样式多，用户选择浏览更加便捷	扁平化风格 英文字体，简洁清晰	设计简洁明了，遵循直观的用户界面原则，使初次使用者也能较快速上手
PROYA 珀莱雅	国货之光 主打：国货之光	经常推出限时促销活动，吸引用户参与，提高用户的购买热情，同时增加用户黏性和复购率	扁平化风格 中英结合字体，线条流畅	视觉设计吸引人，使用户愿意花时间在应用上
WINONA 薇诺娜	解决中国人常见的肌肤问题 主打：专注于敏感肌肤	薇诺娜小程序设有护肤课堂模块，提供护肤专家的护肤知识分享、护肤技巧教学等内容，帮助用户学习正确的护肤方法	扁平化风格 品牌标志美，识别度高	商品详情展示详细，包括图片、说明、评价等，帮助用户做出购买决策
凡士林	以天然成分为基础，注重健康护肤 主打：天然护肤，健康无忧	提供个性化肤质测试功能，用户可以通过简单的问答或上传肌肤照片等方式，获取专属的肤质分析报告，帮助用户了解自己的肤质需求	扁平化风格 中文字体，辨识度高	根据用户行为和偏好提供定制化的体验，增强用户参与度

图3-15 范围层分析

功能 竞品	产品展示	个人中心	搜索	购物车	订单	咨询	评价	反馈	优惠	社交分享	促销活动	客服
HBN	✓	✓	✓	✓	✓	✗	✓	✗	✓	✗	✗	✓
PROYA	✓	✓	✓	✓	✓	✓	✓	✓	✓	✗	✓	✓
WINONA	✓	✓	✓	✓	✓	✗	✗	✗	✗	✗	✗	✓
凡士林	✓	✗	✗	✗	✗	✗	✓	✗	✗	✗	✗	✓

（3）结构层分析。主要分析其他竞品的交互设计和信息架构，以信息框架图形式呈现。（图3-16）

（4）框架层分析。主要分析竞品界面的页面布局、导航设计、信息设计，具体可以按照"模块"—"组件"—"元素"—"原子"的思路展开分析。图3-17所示为对一个App页面进行的整体框架分析以及页面细节（元素、原子设计）分析。

图3-16 结构层分析

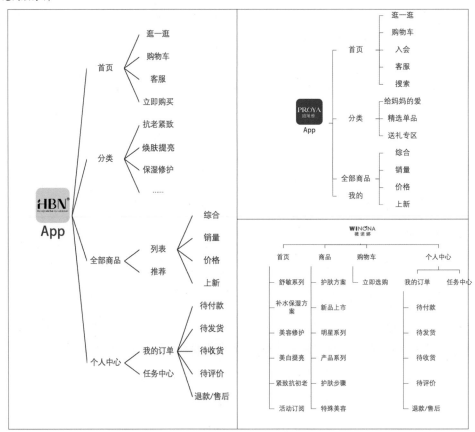

新媒体界面设计

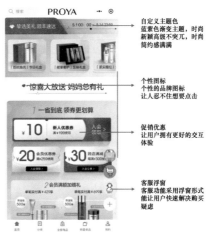

图3-17 页面整体框架与页面细节分析

图3-18 竞品页面视觉设计分析

（5）表现层分析。分析竞品感知层面的要素，主要是视觉设计的分析。图3-18所示为某App的首页视觉分析，主要分析了图形、色彩、字体、布局结构、质感与风格等视觉信息。

4. 总结差异、制定策略

这是竞品分析中最关键、最有价值的一步，需要针对每个模块做出总结，得出结论。这项工作对之后所做的设计方案有明确指导意义，可以分为两个部分。

（1）总结差异利弊。评估竞品的优势和挑战，识别当前市场上的机会和潜在需求。

（2）提炼设计策略。根据竞品分析的反馈和用户需求，制定应对策略和增强竞争优势的方法，优化现有产品或推出新产品，以提高市场竞争力。

五、故事板

故事板是一种视觉化工具，用于规划和呈现故事、场景或情节的顺序。这种方法来自电影制作，通过使用图像、角色和场景等视觉元素，创造丰富、生动的设计效果。虽然用户体验设计的故事板通常被比作电影故事板，但它们非常不同。制作用户体验设计情节提要的目的是考虑和传达一系列状态，而不是提供特定的视觉方向。它们展示了用户如何与产品或服务进行交互，重要的是所涉及的行为和情绪，其画风更像是连环画。（图3-19）

图3-19　用户体验设计故事板

在做好用户研究后，故事板能够直观地预测和模拟用户对产品的体验过程，帮助构思产品界面设计方案。绘制故事板时，设计师可以思考一些问题：

（1）用户在什么情况下会使用现有的产品？

（2）用户在使用产品的各个环节会遇到哪些问题？生产方要怎样帮助解决这些问题？

设计师可以先将这些问题的答案以纯文本形式呈现，然后将其转化为绘画故事（手绘／软件绘图），呈现这些问题的答案，描绘出一个或多个生动的产品交互环节。图3-20所示为故事板描绘的用户使用花卉农产品电商App时可能会经历的一系列事件与心理变化过程。

图3-20　花卉农产品电商App用户体验故事板

六、用户体验地图

用户体验地图用于可视化用户与产品或服务互动的整个过程和情境。它不仅关注用户在使用过程中的感受和反应，还呈现了用户的情绪、期望、需求，以及各种环境因素带来的影响。以下是绘制用户体验地图时需要考虑的要素。

1. 绘制前：了解用户旅程

在绘制用户体验地图前，设计师需要了解用户旅程，将用户的整个使用过程分为多个阶段，每个阶段涉及不同的用户触点和互动点。（图3-21）此外，设计师还需要考虑用户在每个阶段所处的情境和环境因素，如时间、地点、情绪等，这些因素会影响用户的体验和行为。

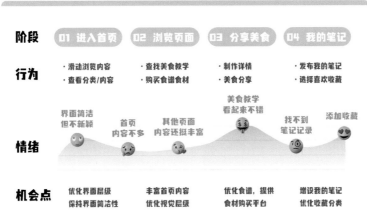

图3-21 某美食类App用户体验地图

2. 绘制时：收集用户反馈

在绘制用户体验地图时，设计师需要记录用户在每个阶段的情绪变化和反应，包括满意度、困惑、喜好等，形成用户的情绪曲线，帮助了解用户体验的质量和效果。此外，设计师还要识别用户在不同阶段的具体需求和期望，以便在产品设计中进行优化和改进。

3. 绘制后：识别关键问题

用户体验地图绘制后，对发现的用户在使用过程中遇到的问题、痛点和障碍，设计师要加以识别改进和优化，从而提出解决方案，改善用户体验，提高用户的满意度和忠诚度。

第四节 项目实例

项目：宠友App用户研究

1. 项目要求

根据所学的关于用户研究的各种方法，进行产品的用户需求分析、用户画像的制作，完成宠友App的初步产品定位和框架制作任务。

2. 背景研究

近年来，随着人民生活水平的提高，宠物市场的规模持续扩大，呈现出强劲的增长势头。互联网技术的普及使得线上交友、购物成为一种新的生活方式。宠物领域同样出现了新的变化，线上平台逐渐成为宠物社交和商品交易的重要渠道。消费者对宠物产品的需求日益多元化，从基本的食品、用品到个性化的服务、体验等。因此，市场需要不断创新以满足消费者需求。以宠物为中心，建立一个宠物之间的"游乐园"，便是宠友App的设计目标。

3. 用户画像

宠友App主要面向宠物爱好者，因此，我们首先需要了解他们的身份、性格、习惯等基本信息，总结出几个较为典型的形象，来绘制用户画像。（图3-22）

从用户画像中我们可以看出，这个用户群体主要有以下几个特征。

图3-22 宠友App用户画像

（1）他们是对养宠物或对宠物有浓厚兴趣的人群，愿意为宠物投入时间和金钱。

（2）较为年轻，以"80后""90后"和"00后"为主，接受新事物能力强，注重生活品质。

（3）社交较为活跃，热衷于社交分享，愿意在社交平台展示自己与宠物的互动。

（4）具备一定的消费能力或消费潜力，愿意为宠物购买高品质商品和服务。

4. 用户需求分析

根据主要用户群体的特征，我们将用户的需求分为社交需求、信息需求、购物需求、个性化需求几个部分。（表3-3）

表3-3 宠友App目标用户需求分析

需求类别	具体需求内容
社交需求	宠物主渴望与其他宠物主交流分享，结识新朋友，分享养宠经验，组织线下活动
信息需求	专业的宠物养护、训练、健康等方面的知识
购物需求	便捷、高质量宠物用品购物体验，包括食品、玩具、日用品等
个性化需求	根据用户喜好和宠物信息，推送个性化的商品和服务

5. 产品定位

根据产品的背景以及目标用户研究结果，我们将宠物社交与购物两项需求相结合作为宠友App的定位设计。具体表现为以下几点。（表3-4）

表3-4 宠友App产品定位

产品定位	实现方式
搭建宠物社交平台	通过打造宠物朋友圈，让宠物主之间分享养宠经验、晒宠生活，形成宠物社交新风尚
融合购物功能	在社交基础上，引入宠物用品购物功能，为用户提供一站式的养宠解决方案，满足用户在社交和购物方面的双重需求
科学化养宠	通过推送专业知识和养宠达人分享，引导用户科学养宠，提高宠物生活质量和宠物主的相关知识

因此，宠友App将会有以下三个核心功能。（表3-5）

表3-5 宠友App产品核心功能

产品核心功能	实现方式
社交功能	设置宠物动态发布、互动评论等功能，打造宠物社交生态圈
购物功能	引入宠物用品商城，提供各类宠物食品、用品、玩具等商品的购买服务，支持在线支付、订单查询等功能
养宠知识库	整合专业的养宠知识资源，为用户每天推送宠物养护、训练、健康等方面的独家消息

这样的功能设置将宠物社交与购物功能有机融合，满足用户多元化的需求，提高用户黏性；此外，还能够提供权威、实用的养宠知识，帮助用户科学养宠，树立行业口碑。最重要的是它能利用大数据和人工智能技术，为用户提供个性化的商品推荐、养宠建议等服务，提升用户体验。

6. 用户研究归纳

从宠友App的用户研究案例中，我们可以得出几个主要的关键词：社交互动、购物场景、知识拓展。此外，根据用户体验设计的要求，我们还需要持续优化产品界面设计，提高操作便捷性，降低用户使用难度。我们可以据此绘制出宠友App初步的信息架构图。（图3-23）

图3-23 宠友App信息架构图

||||||| 思考与练习 |||||||||||||||||||||||||||||||||||||||||||||||||||||||||||||||||||||||||||||||

1. 参考项目一，选择一个品牌App或小程序，选三个及以上竞品进行竞品分析，制作包括至少三个层级的信息架构图、分析图表等。

2. 参考项目二，选择一个品牌App或小程序进行产品的用户需求分析、用户画像制作，并完成App或小程序的初步产品定位和框架制作。

第四章 新媒体界面交互原型设计

◆ **知识目标**

1.了解交互原型设计的概念；2.了解交互原型设计的流程；3.了解交互原型设计的设计工具。

◆ **能力目标**

1.掌握交互原型创意设计；2.掌握新媒体界面的视觉和动态效果表达；3.掌握新媒体界面的用户研究和需求分析。

◆ **素质目标**

1.提升沟通协调能力，学习如何更有效地与团队成员沟通设计思路；2.提升在新媒体界面设计中的审美素养和创新设计能力；3.提升对新媒体设计趋势的洞察力，能够批判性地分析并改进设计方案。

交互原型设计作为新媒体界面设计的核心环节，承担着将抽象概念具象化、可交互化的重任。它不仅要求设计师具备深厚的美学素养和创新思维，还要求对用户行为有深刻的洞察力和理解力。交互原型设计不仅是设计思维的体现，还是创新过程的催化剂，能够帮助团队成员跨越不同背景和专业领域，共同协作，创造出真正以用户为中心的界面设计。本章将从交互设计的基础概念、流程和工具入手，深入探讨交互原型设计的各个阶段，包括草图、信息架构图、纸面到低保真和高保真原型的制作，并最终涵盖交互动效设计方法。

第一节 交互设计基础

一、交互设计概念

交互设计（Interaction Design，IXD）通过设计产品、服务和系统的行为来支持人们的交流和互动，它着眼于设计个体间的沟通方式和结构，并确保这些互动能够协同工作，以实现既定目标。这项设计工作的核心在于构建和深化人与他们所使用的产品及服务之间的联系，其目的是在复杂的社会环境中有效地整合信息技术。

在交互系统的设计中，我们主要从两个关键维度来设定目标：（1）是"可用性"，即产品是否易于使用且功能性强；（2）是"用户体验"，即用户在使用产品过程中的感受和满意度。交互设计以人的需求为出发点，致力于创造出既实用又令人愉悦的产品，使用户在使用过程中感到舒适和满足。交互设计旨在提供一种既直观又高效的使用方式，从而提升用户的整体体验。

交互设计的应用领域非常广泛，从传统的网页设计到新兴的智能设备、VR和AR等都有涉及。因此，它要求设计师具备跨学科的知识和技能，包括但不限于人类工程学、心理学、认知科学、计算机科学等领域。同时，交互设计师还需要掌握各种设计工具和方法，如流程图、原型图、故事板等的制作，以及原型实现。

二、交互设计流程

交互设计流程是确保设计以用户为中心，并满足其需求的关键步骤。它通常是一个迭代的过程，从理解问题开始，经过构思、原型制作，到测试和评估，最终实现解决方案的优化。交互设计流程通常包括以下几个阶段。

1. 需求收集

其目的是准确把握设计的方向和目标用户群体的特点。了解用户的真实需求是至关重要的，因为这将直接影响到产品的功能和形态。

2. 用户研究

用户研究通常包括一对一的用户访谈、问卷调查、情境观察、日志研究等。用户研究不仅能够帮助设计师了解用户的表面需求，更重要的是还能揭示用户背后的动机和痛点。

3. 概念设计

在此阶段中，设计师将从用户研究中获得的信息转化为设计概念。这一阶段通常开始于自由形式的创意发散，然后得到几个可行的设计方案。设计师会制作草图和思维导图，并与团队成员和用户进行讨论，以评估这些概念的可行性和吸引力。

4. 原型制作

设计师会构建一个或多个原型来模拟产品的功能和交互。这些原型可以是低保真的，如纸面或白板草图，也可以是高保真的，具有详细视觉设计和交互功能的数字原型。

5. 用户测试

用户测试可以是正式的实验室测试，也可以是现场的情境测试。测试中收集到的反馈将为设计师提供宝贵的信息，帮助他们理解用户的真实体验。设计师会从中观察到用户如何与原型交互、如何识别问题与使用障碍。

6. 详细设计

根据测试反馈结果，设计师将对原型进行迭代和完善。这一阶段包括完成高保真原型和制定设计规范，确保设计细节符合功能需求和用户期望。设计师在详细的设计过程中还需要考虑技术实现的可行性，以及与开发团队紧密合作，以确保设计可以顺利地转化为最终产品。

三、交互原型设计工具

在交互设计阶段，设计师主要设计界面的信息架构、功能布局、交互流程、文字内容、特殊情况说明等。在原型设计过程中，设计师会使用多种工具来创建和测试原型。选择合适的工具（图4-1）对于提高设计效率和质量至关重要。这些工具包括但不限于草图和纸面原型、数字绘图软件（如Adobe XD、Sketch）、交互原型工具（如Axure RP、Figma、墨刀、蓝湖）。其中，Adobe XD是Adobe公司推出的

图4-1　交互原型设计工具

专业用户体验和用户界面设计工具，支持与Photoshop和Illustrator互通，方便设计师导入和编辑设计资源。图4-2所示为使用墨刀绘制的原型图。

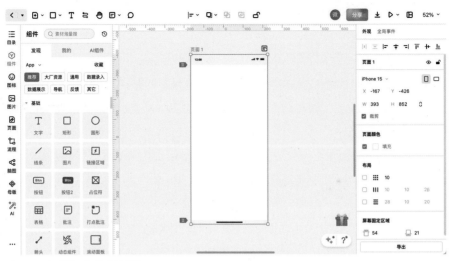

图4-2　使用墨刀绘制的原型图

第二节　交互原型设计

交互原型设计是界面设计中的核心环节，帮助设计师和团队将概念转化为可测试、可交互的模型。原型是交互设计中的核心工具，它将产品的设计思路和功能需求以可视化模型的形式展现出来。这种模型既是设计团队用于沟通和协作的媒介，也是进行用户测试、收集反馈、优化用户体验的重要手段。通过原型，设计师可以检验信息架构、功能布局和交互流程，确保最终产品能够满足用户的实际需求并提供愉悦的交互体验。简而言之，原型是设计概念的具象化表达，是团队协作和用户测试的桥梁。原型设计包括对信息草图原型、信息架构图、纸面原型、低保真原型和高保真原型进行设计。

一、信息草图原型

通过简单的纸笔，设计师能够迅速将脑海中的设计想法绘制出来，这种快速的表达不仅加速了设计思路的迭代，也降低了制作原型的门槛。草图的非正式性让团队成员之间的讨论开放，激发了更多的创意和建议，使得设计方案能够不断得到优化和发展。同时，草图原型的易修改性也让设计师能够根据反馈快速调整设计，以确保概念的可行性和实用性。图4-3所示为手机App界面的信息草图原型，它简单展示了设计的基本框架和功能布局，包含关键界面元素的简单表示，如按钮、文本框和导航组件。

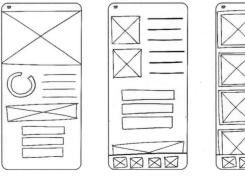

图4-3　信息草图原型

二、信息架构图

信息架构图是一种用于展示产品信息组织结构的图表，它能帮助设计师和开发团队理解产品的设计和功能。这种架构图通常包括不同层级的功能模块以及它们之间的联系。在制作信息架构图时，设计师需要考虑如何最有效地展示信息，以确保用户能够更容易地理解和使用产品。无论是网页界面设计，还是App界面设计，都可以通过使用思维导图工具，如MindManager、XMind、百度脑图等，来创建和优化产品的信息架构图。图4-4所示为XMind思维导图软件界面。

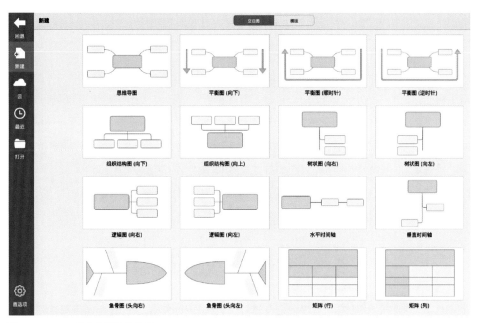

图4-4 XMind思维导图软件界面

以下是信息架构图的分类。

1. 线性结构

线性结构是最容易理解的、相对简单的一种结构，在界面设计信息架构中常作为辅助的信息架构类型被用于小范围的组织结构中。（图4-5）线性结构在新媒体界面设计中

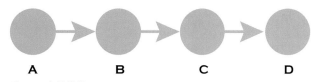

图4-5 线性结构

的应用主要体现在其简洁直观的布局方式上。它能够按照垂直或水平方向排列元素，实现清晰的界面设计。线性结构适用于需要用户按照特定顺序完成操作的功能页面，例如用户注册页或商品购买流程页。用户在此过程中必须按照既定的步骤逐步填写信息，不能跳过任何阶段，这有助于确保信息的完整性和准确性。

2. 树状结构

树状结构也被称为层级结构，是一种模仿自然界树木生长的组织形式，被广泛应用于用户界面设计中，以清晰地展示信息的层级关系。（图4-6）在这种结构中，信息被编排成一个像根一样的树状结构，每个节点代表一个功能或一个分类，而节点之间的连接代表了它们之间的关系。

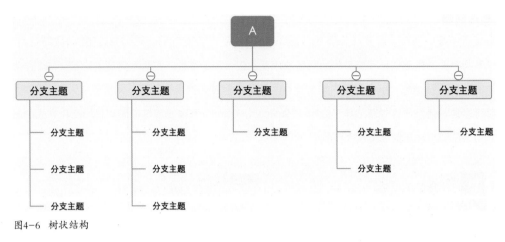

图4-6 树状结构

3. 矩阵结构

矩阵结构的节点排列成矩形，用户可以在节点之间沿着矩形的多个维度移动。（图4-7）与传统的树状结构相比，矩阵结构提供了多个导航维度，用户可以在不同的内容类别或功能模块间平行移动，不受单一路径的限制。矩阵结构的设计考虑到用户的需求和行为，通过提供多维度的访问点，可以满足不同用户群体的特定需求。

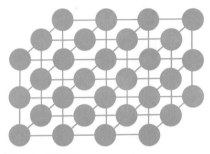

图4-7 矩阵结构

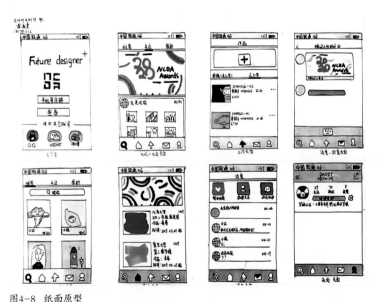

图4-8 纸面原型

三、纸面原型

纸面原型是一种非常初步的设计表现形式，通常由设计师手绘或使用简单工具快速制作而成。它们主要被用于快速传达设计概念和基本布局，而无须深入细节。纸面原型的优势在于它们的灵活性和简易性，允许设计师和团队成员快速迭代和改进设计想法。制作纸面原型除了使用草图原型的工具外，也可以使用模板、贴纸或其他视觉辅助工具来增强表现力。图4-8所示为纸面原型展示的一个产品界面的初步构思，利用草图和简单的图形元素来表示布局和导航结构。通过这种方式，团队能够迅速理解和评估设计概念，并在此基础上进行讨论和迭代。

四、低保真原型

低保真原型是一种设计初期的原型，作用是捕捉产品的基本结构和用户如何与之交互，而不是外观细节。它的优势在于快速和简便，让设计师能够把想法快速变成可以实际操作的草图。而它的局限性是因为它看起来比较粗糙，所以测试用户可能需要用一点想象力来设想最终产品的样子。而且，它通常不支持复杂的动画或详细的交互效果，这些需要更高保真的原型来展示。尽管如此，低保真原型在早期设计阶段还是一种非常有效的沟通和测试工具。扫描二维码观看视频4-1，可以深入学习低保真原型设计的概念和特点。

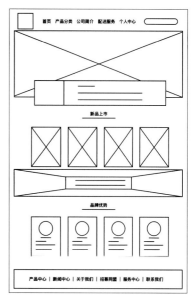

图4-9 网页界面低保真原型设计图

在图4-9的网页界面低保真原型设计图中，我们可以看到几个关键的页面组件，例如导航栏、主要内容区域，还能看到以简洁的线条和基础的交互展示的网页基本结构与用户流程，不包含过多的视觉设计元素，而是侧重于展示布局的合理性和功能的可访问性。

App界面低保真原型以简洁的线框图形式展现，忽略细节和美学元素，专注于展示App的核心功能、用户流程以及界面布局。（图4-10）

扫描二维码观看视频4-2，可以深入学习如何使用Axure RP软件制作低保真原型界面。

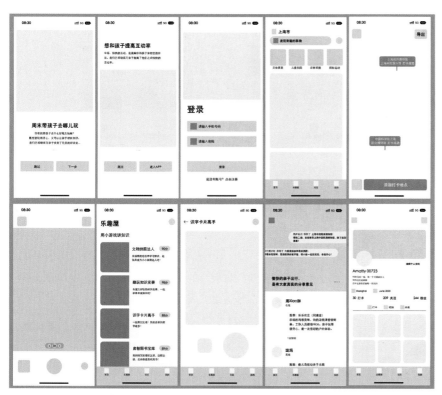

视频4-1

视频4-2

图4-10 App界面低保真原型设计图

五、高保真原型

高保真原型是用户最终看到的样子，其中的色彩、布局、内容都完全模拟用户的真实使用场景，体验上与真实产品接近，具有高度的细节和接近最终产品的交互性。高保真原型的设计过程是融合了综合性和迭代性的过程，要求设计师具备将抽象概念转化为具体可视化界面的能力。设计师需要使用专业的原型设计工具，如Adobe XD、Sketch、Figma等，来展示用户界面的最终视觉样式、动效和完整的用户交互流程。此外，高保真原型的制作成本相对较高，因为它需要投入更多的时间和资源来实现详细的视觉设计和复杂的交互功能。

如图4-11所示，糖友App的高保真原型在外观和体验上都极为接近最终产品。每一个用户界面元素，包括字体、颜色、图标、布局和风格，都经过精心设计，以确保提供连贯且高质量的视觉体验。

图4-11　糖友App界面高保真原型图

第三节　交互动效设计

一、交互动效的概念与作用

交互动效指的是那些用于引导和响应用户交互行为的动效，与用户的交互行为密切相关。这种设计不仅是为了增强视觉上的吸引力，更重要的是通过动态反馈，帮助用户更好地理解产品的功能和操作方式，提供操作的即时反馈，从而提升感知流畅性。与视觉动效不同的地方在于，交互动效主要作用于产品的基础体验和功能体验层面，着重于增强用户与产品之间的互动性，使用户在使用产品过程中感受到更加自然和流畅的体验。

许多App都采用交互动效设计来增强用户体验。在图4-12所示的飞猪App中，点击底部导航栏的首页图标后，图标会巧妙地变换成一只活泼可爱的飞猪形象，这个动效不仅增强了界面的趣味性，还加深了用户对品牌的记忆。图4-13的Tinder的"左滑—喜欢""右滑—跳过"动效，为用户提供了一种快速、直观的交互方式，这种视觉反馈也是动效设计的一部分。

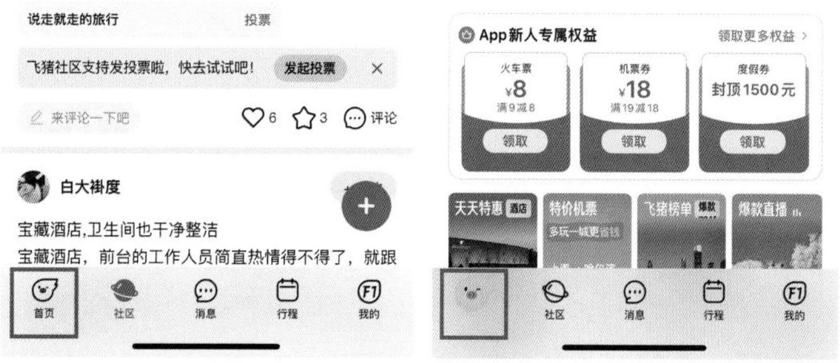

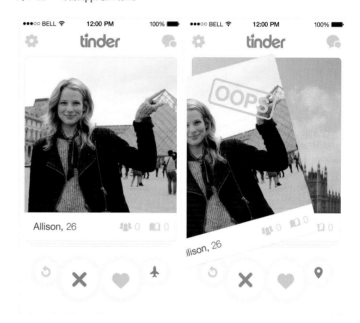

图4-12　飞猪App交互动效

交互动效设计在提升用户体验方面扮演着至关重要的角色。它通过动态反馈帮助用户更好地理解产品功能和操作方式，从而增强感知流畅性。以下是交互动效设计的几个关键作用。

1. 增强用户体验

交互动效通过提供视觉和听觉上的即时反馈，使用户的操作感觉更加流畅和自然，从而提升用户的整体体验。

2. 提高界面可理解性

交互动效可以帮助用户更好地理解界面元素之间的关系，如导航菜单的展开和收起，以及页面之间的层级关系，减少用户的学习成本。

图4-13　Tinder交互动效

3. 引导用户操作

通过交互动效的指示，用户可以更直观地了解和参与到与界面元素的交互中，例如按钮的悬停效果可以提示用户该元素可点击。

4. 增加感情连接

精心设计的交互动效能够与用户建立情感联系，使产品更具吸引力和记忆点，增强用户对品牌的忠诚度。

5. 改善视觉表现

交互动效能够丰富界面的视觉表现，通过平滑的过渡和有趣的动画，增强界面的活力和吸引力。

二、交互动效的基本原则

在设计交互动效时，遵循一系列基本原则是确保动效有效性和提升用户体验的关键。以下是交互动效设计中应遵循的几个核心原则。

1. 自然性

交互动效应贴近自然法则和物理现象，模仿现实世界的动态特性，例如物体运动时的加速和减速，或是

图4-14 过渡触发的动作选项

受到撞击后的反弹效果。这种自然的运动方式能够使用户直观地预测界面元素的行为，从而增强信任感和沉浸感。此外，App图标放大显示应用启动，缩小则返回主屏幕，这种动效既符合物理世界的规律，也给用户带来了舒适的认知体验。

2. 连贯性

无论是在不同的页面之间，还是在单个页面的各个元素之中，交互动效应在风格和行为上保持统一。连贯的交互动效会帮助用户构建对应用环境的认知，理解不同组件之间的联系，以及它们在界面中的导航路径。

3. 适度性

交互动效设计应避免过分夸张或频繁，那样可能会导致用户分心或感到疲劳。适度的交互动效有助于维持用户的注意力，确保界面的清晰度和专注度，同时突出那些对用户决策和操作至关重要的交互元素。例如，Adobe XD虽然提供了多达十种的过渡动画选项，但实际上主要可以归纳为三个基本类别：溶解、滑动和推出。这些选项允许设计师以简洁的方式增强用户体验，而不是通过复杂或过渡的动画效果分散用户的注意力。（图4-14）

4. 反馈性

交互动效作为用户操作的直接响应，无论是通过视觉变化、声音提示，还是通过触觉反馈，都应即时传达给用户。这种即时反馈能确保用户明白自己的操作已被系统接收，并得到相应的处理，从而提升操作的满意度和控制感。图4-15所示为京东App的下拉刷新动效，当用户下拉页面时，会出现与品牌IP形象结合的动态效果。

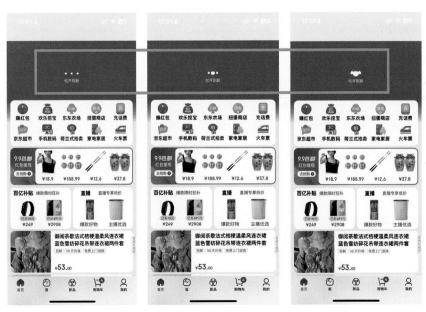

图4-15 京东App的下拉刷新动效

三、交互动效类型

交互动效的设计旨在增强用户的参与度和提升操作的直观性。以下是一些常见的交互动效类型及其在不同应用场景中的使用方式。

1. 过渡动效

过渡动效是界面元素在不同状态或位置间转换时的视觉表现。它们不仅能增强用户的视觉体验，还能帮助用户更好地理解页面之间的层级关系和导航流程。例如，当用户从一个页面滑动到另一个页面时，过渡动效可以平滑地展示这一过程，使用户感受到流畅的导航体验。

2. 微交互

微交互是小规模的动画效果，用于提供即时反馈或吸引用户注意。这些动效通常很小，但设计得当的话可以显著提升用户体验的细节。例如，按钮在被点击时呈现变色或水波纹扩散效果，可以让用户立即感受到操作的反馈。

3. 提示动效

提示动效用于突出显示特定功能或引导用户完成某些操作。它们通常在用户首次使用应用或遇到新功能时出现。这种动效有助于引导用户，降低操作难度，提高应用的易用性。例如在《王者荣耀》游戏中，当玩家首次体验游戏时，会触发精心设计的新手引导。（图4-16）游戏通过这种提示动效，引导用户如何进行游戏，降低操作难度，提高应用的易用性。

图4-16 手游《王者荣耀》的引导界面

4. 加载动效

加载动效是指在内容或数据加载期间为用户提供视觉反馈。它们可以缓解用户在等待过程中的焦虑感，尤其是对于需要较长加载时间的操作更加适用。加载动效的设计应简洁且与品牌风格保持一致，让用户可以保持兴趣和提高参与度。如图4-17的《造梦西游3》的加载界面，悟空踩着云朵的动画设计不仅巧妙地结合了游戏的经典元素，还以其流畅的动作和生动的视觉效果，为玩家带来了一种轻松愉悦的等待体验。

图4-17 手游《造梦西游3》的加载界面

图4-18　网易云音乐App播放界面

图4-19　制作静态图标

图4-20　制作变形动画

图4-21　添加交互链接

5.状态变化动画

状态变化动画用于反映界面元素状态的改变，如开关的开启和关闭、选项的选中和取消等。这种动画有助于用户直观地理解操作的结果，增强操作的直观性和准确性。在网易云音乐App的播放界面中，CD的动画效果是其标志性设计之一。当用户播放音乐时，界面中的CD会模拟真实CD播放器的旋转效果，随着音乐的播放而缓缓转动，这种有趣的动效不仅增强了音乐播放的真实感，也给用户带来了视觉上的享受。（图4-18）

四、交互动效制作

在静态图标中加入交互动效，可以让原本单调的设计更有人情味。动态图标，即交互动效图标，不仅在界面中扮演展示的角色，还直接参与用户的交互过程，成为界面导航系统中至关重要的元素。这些图标可以被用户点击，并根据操作产生相应的反馈，辅助用户完成特定的动作，激活相应的功能。动态图标不仅能有效吸引用户，避免界面显得过于生硬，还能为界面注入额外的活力。

在设计App的交互动效时，设计师可使用Adobe　XD软件来增强用户界面的互动性和吸引力。以下是使用Adobe　XD设计制作交互动效功能图标的步骤。

1.制作静态图标

使用钢笔工具和动画功能，复制和修改静态图标。（图4-19）

2.制作变形动画

通过调整锚点位置和形状，实现图标的变形动画。（图4-20）

3.添加交互链接

利用Adobe　XD的交互链接功能，创建图标状态之间的平滑过渡。（图4-21）

扫描二维码观看视频4-3，可深入学习功能图标交互动效的制作方法。

视频4-3

第四节 项目实例

项目一：糖友App信息架构图制作

1. 项目背景

糖尿病是一种普遍且严重的慢性疾病，其患病率在国内不断攀升，对个人和社会构成了重大的健康挑战。基于这一背景，糖友App应运而生，旨在为糖尿病患者打造一个全面、专业、值得信赖的健康管理平台。本项目将制作糖友App的信息架构图，通过竞品分析、用户调研、内容分类提炼出功能模块，为交互原型设计与制作的展开做准备。

2. 设计思路分析

（1）竞品分析。对于市面上已经出现的相关类型的应用进行竞品分析，将有助于更好地开发糖友App的具体功能，做到比市面上同类应用更加完善、更加人性化，从实际出发，关怀用户，给予其帮助。（表4-1）

表4-1 糖友App竞品分析表

竞品名称	详细分析
	糖护士 App 分析 优点： （1）可以关联家人账号，共享数据，时刻关注家人健康 （2）实时反馈血糖指标，自动提供个性化建议 （3）与血糖仪连接可自动记录，科学管理，无限储存 缺点： （1）对于糖尿病患者的患病类型分类不明确，应考虑多种人群所需 （2）使用过程中有广告的存在，影响用户的使用体验 （3）血糖数据显示不直观
	先锋鸟控糖 App 分析 优点： （1）拥有病历档案模块，可将糖尿病患者重要的健康体检资料添加至档案管理夹，规范管理，建立属于自己的医疗健康资料库 （2）在获得用户授权允许读取系统健康的权限后，能帮助用户计算运动里程和卡路里消耗，完善个人运动数据 缺点： （1）虽然拥有社区交友模块，但该内容比较简单，没有往下深入交互 （2）老年用户使用感受不佳，应用强制更新，不更新就无法使用

（2）用户调研。用户调研是了解用户需求和体验的重要环节，对于糖友App来说，收集用户反馈可以帮助开发者优化产品，提高用户满意度。以下是两位典型用户的调研结果。（表4-2）

表4-2 糖友App用户调研结果

用 户	调研内容
用户一	用户一 问：你对于糖尿病有什么困扰吗 答：比较迷茫，不知道如何正确控制血糖数值 问：平常有使用此类App的习惯吗 答：有的 问：在应用中你最多使用的功能是什么 答：记录血糖、逛帖子等 问：你觉得需要增加什么功能呢 答：我觉得可以增加社区和好友的功能，平常可以一起讨论相关知识
用户二	用户二 问：使用此类App时，你有遇到什么困难吗 答：年纪大了，看东西比较模糊，经常看不清里面的内容，不知道操作步骤 问：平常有记录血糖的习惯吗 答：有的，需要记录数值来方便配药 问：你觉得怎样记录血糖更方便呢 答：可以和血糖仪同步数据，不用自己操作，还方便明了 问：你希望此类App拥有什么功能呢 答：可以有专门的放大模式，这样对年纪大的人比较友好

从以上用户调研中可以提炼出以下核心需求：用户需要一个可以获取糖尿病相关知识和与其他患者交流的社区环境。特别是老年用户，需要界面简洁、易于操作，且具备放大功能以适应视力不佳的情况。用户期望App能与血糖仪等设备同步，自动记录血糖数据，减少手动输入。

（3）功能模块划分。功能模块划分是信息架构设计中的关键步骤，会帮助用户快速找到所需信息，同时可确保App的组织结构清晰。糖友App将功能模块分为"首页""糖糖社群""网上商城""我的"四个主要类别。"首页"展示用户最关心的信息，比如专业分享、血糖记录、线上问诊等。"糖糖社群"是糖尿病患者的社区，包括交友群和公益活动，用户可以分享经验、讨论问题。"网上商城"可以提供专为糖尿病患者设计的产品和服务，例如提供低糖或无糖的食品选项，帮助用户控制血糖。"我的"可以编辑和管理自己的个人信息，包括联系方式、健康档案等，还可以展示用户的血糖记录、运动数据、饮食日志等，便于用户跟踪自己的健康状况。

3. 设计实施

根据功能模块划分，绘制出信息架构的主要框架。（图4-22）使用树状图来表示App的层级结构，从根节点开始，然后分出几个主要的分支，分别对应"首页""糖糖社群""网上商城"和"我的"。每个分支进一步细化为更具体的子节点，展示每个模块下的功能和内容。

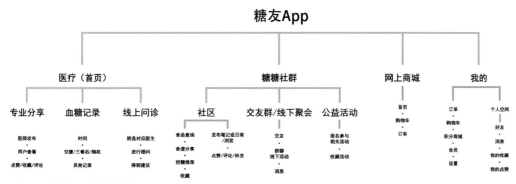

图4-22 糖友App信息架构图

项目二：烩厨App低保真原型设计图绘制

1. 项目背景

随着互联网技术的飞速发展，越来越多的烹饪爱好者和美食探索者选择通过App来学习烹饪，探索美食。烩厨App结合现代设计理念和技术手段，试图打造一个既专业又亲民的美食学习平台，让每个人都能找到属于自己的烹饪乐趣。本项目将绘制烩厨App低保真原型图。

2. 设计思路分析

（1）竞品分析。通过分析"下厨房""觅食蜂"和"掌厨"等竞品，我们可以清晰地看到市场对烹饪类App的需求和偏好，更好地帮助烩厨App确定其在市场中的位置，比如专注于做适合初学者的友好教程，或是提供更多样化的地域美食参考。（表4-3）

表4-3 烩厨App竞品分析

App名称	详细分析
厨	名称：下厨房 定位人群：年轻群体 主要功能：提供各种美食烹饪技巧 优点：拥有时令流行功能，根据不同的季节推荐适宜的食谱；用户可以与厨友互动；与多个品牌合作，提供更多资源 缺点：尽管这款App功能全面，但它在一定程度上忽视了烹饪初学者的需求。对于厨艺新手来说，仅通过图片和文字的说明显得不够直观
（蜜蜂图标）	名称：觅食蜂 定位人群：年轻群体 主要功能：有"美食界的小红书"之称，提供餐厅推广和探店服务，同时帮助用户节省享受美食的开支 缺点：主要关注周边餐厅推荐，未能充分考虑那些偏好在家用餐或有社交焦虑的用户需求。此外，App的城市覆盖范围有限，主要集中在一线和部分二线城市，使得其他地区的用户难以享受到其服务
（碗筷图标）	名称：掌厨 定位人群：没有特定人群 主要功能：为不同需求的用户定制健康营养的食谱，并通过高清视频教程进行详细教学。此外，App还根据用户的口味偏好智能推荐菜谱 缺点：App缺少推广本地美食的功能，且视频教程中缺少人工讲解，仅提供文字描述

通过对以上三个竞品App的分析，我们可以得出如下结论。

a.用户定位多样性。三个竞品针对不同的用户群体开发，从年轻人到广泛的美食爱好者，这表明市场对烹饪类App的需求是多样化的。烩厨App既需要考虑广泛的用户需求，同时也要找到自己的核心用户群体。

b.功能覆盖广泛。三个竞品App提供了从食谱查询、社交互动到视频教学等多种功能。烩厨App在综合这些功能的基础上，要有所创新，提供独特的用户体验。

c.初学者友好度。竞品App在初学者教育方面存在不足，图片和文字可能不足以引导学习。烩厨App需要特别关注初学者的用户体验，提供易于理解和操作的教程。

d.地域美食推广。竞品们在地域美食的推广上存在不足。烩厨App可以利用这一市场空白，推广地方特色美食，增加用户对App的兴趣和忠诚度。

（2）用户调研。烩厨App旨在打造一个综合性的美食学习和分享平台，目标人群定位在广泛的烹饪爱好者和美食探索者。以下是针对不同用户群体的调研结果，包括他们的身份特征、需求和痛点分析。（表4-4）

表4-4 烩厨App用户调研

用　户	调研内容
	用户一 22岁 / 女 / 研究生 需求：希望在忙碌的学习生活之余快速学习制作简单健康的餐食 痛点：缺乏烹饪基础，对复杂的食谱感到困惑。视频教程若缺乏详细的步骤说明，难以跟上
	用户二 30岁 / 男 / 职场人士 需求：寻求在家制作美食的乐趣，同时希望能够分享自己的烹饪成果 痛点：App社区互动功能不够丰富，难以找到志同道合的烹饪伙伴。食谱更新不够及时，缺乏新鲜感
	用户三 35岁 / 女 / 家庭主妇 需求：希望学习多样化的烹饪技巧，为家人提供营养均衡的餐食 痛点：部分食谱的食材难以获取，希望能够提供替代建议。缺乏针对特殊饮食需求（如素食、过敏等）人群的食谱

通过对烩厨App用户的调研，我们发现用户需求主要集中在快速学习制作简单的健康餐食、社区互动的丰富性、食谱的多样化和及时更新，以及对特殊饮食需求的适配上。痛点则包括初学者面对复杂食谱的困惑、视频教程缺乏详细步骤、食材获取难度高和配送服务不够透明上。基于这些反馈，烩厨App应优化用户界面，增强社区功能，提供定制化食谱，并确保配送服务的效率和透明度，以提升用户体验并满足不同用户的需求。

（3）功能模块划分。根据以上竞品分析和用户调研，烩厨App的功能模块被划分为一系列综合性的类别。"首页"（烩食）将集中展示用户最关心的信息，如最新食谱推荐、今日新品以及私厨频道的精选内容。"烩购"模块则专注于食材和厨具的搜索、购买，提供今日尝鲜的特色商品推荐和便捷的购物车功能。"烩探"模块通过附近美食、城市定位和个性化推荐，帮助用户发现周边美食和特色餐厅，拓宽美食视野。"烩享"模块则构建了一个美食分享社区，用户可以进行美食打卡、分享日记、查看高分排行榜和记录健康饮食。最后，"我的"为用户提供了一个集中管理个人信息、收藏、关注、订单和分享的空间，让用户能够根据自己的需求和偏好定制烹饪学习路径。通过这样的功能模块设计，烩厨App将成为用户探索烹饪乐趣、分享美食生活的理想平台。

（4）信息架构图绘制。根据功能模块划分，绘制出信息架构的主要框架。（图4-23）使用树状图来表示烩厨App信息架构的主要框架，从根节点开始，分出5个主要的分支，每个分支代表App的一个主要模块。每个模块进一步细化为具体的子功能或内容，清晰地展示烩厨App的层级结构和功能划分。

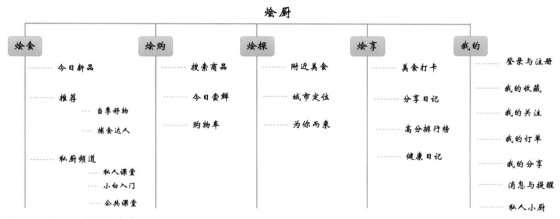

图4-23 烩厨App信息架构图

3. 低保真原型图设计实施

低保真原型图使用原型制作工具，如Adobe XD或Axure RP等来创建App的界面框架。根据前面的设计思路分析和功能模块划分，从首页开始，确保低保真原型图能够清晰地展示"烩食""烩购""烩探""烩享"和"我的"等主要模块的入口。接着深入每个模块，设计具体的页面布局和功能点，如"今日新品""附近美食""推荐"等，以确保用户能够轻松地找到并使用这些功能。（图4-24）

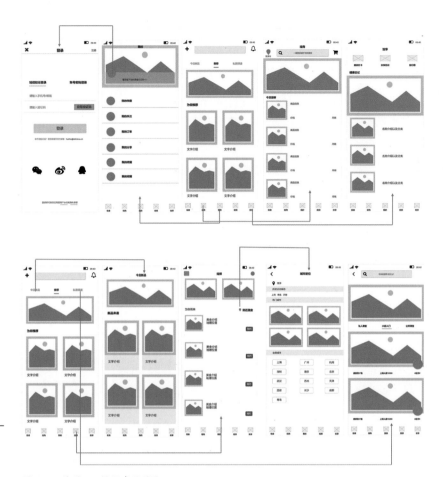

图4-24 烩厨App低保真原型图

项目三：轮播图交互动效制作

1. 项目要求

通过轮播图交互动效的制作，进一步掌握Adobe XD动画面板的使用方法。

Adobe XD的动画面板在"原型"模式中，通过连线后点击角标就可以弹出。动画面板主要分成三个部分：交互方式、动画类型以及动画属性。（图4-25）动画面板可以制作交互链接、轮播图、图表交互、鼠标悬停等多个常见交互效果，因此是Adobe XD中使用频率最高的功能之一。

2. Adobe XD动画面板使用方法

Adobe XD的动画面板提供了强大的功能，使得设计师能够将静态的界面转化为生动的动态体验。要充分利用这些功能，首先需要深入了解Adobe XD提供的交互方式、动画类型以及动画属性。

（1）交互方式。交互方式就是平时对屏幕操作的触发方式，目前Adobe XD一共提供了5种基础触发方式。（表4-5）

图4-25 Adobe XD动画面板

表4-5　Adobe XD基础触发方式

基础触发方式	触发效果
点击	点击屏幕触发
拖移	滑动屏幕触发
时间	进入该页面固定时间之后自动触发
按键和游戏手柄	使用键盘快捷键和游戏手柄触发器触发
语音	通过指定语音触发

图4-26　过渡触发的动作选项

（2）动画类型。就是动画的形式。它会根据选择的触发方式有所变动。以下是对一些常用动作及其可能包含的动画类型的梳理。

a.过渡。如图4-26所示，过渡可以触发的动画选项有十个，除了"无"以外，其实只有三个大类：溶解、滑动、推出。溶解效果是一种逐渐显现或消失的动画，它给用户一种页面元素像是在水中慢慢溶解或重新凝聚的视觉感受。滑动是指目标页面可以从上下左右四个方向平移进来，并覆盖到当前页面的上方。推出则是目标页面从上下左右四个方向平移进来，并同时将当前页面挤出画布。滑动和推出效果非常接近，但应用上有一点小差异。

b.自动制作动画。自动制作动画的逻辑，就是在页面1和页面2中包含了相同的图层，并且图层的属性不同，那么页面1中的这些图层就会逐渐过渡（移动、缩放、变形、旋转等）到页面2。换个说法，它也叫关键帧动画，不同的页面就是不同的关键帧，这个功能为Adobe XD制作动画带来了非常大的扩展性。

c.叠加。叠加就是将目标页面置于当前页面上方的效果，和滑动类似，但是原页面并不会移走。应用叠加的场景主要集中在类似弹窗、浮层这类非独立页面的效果中，设计师只要在目标页面使用空白或带有透明度的背景即可。

d.上一个画板。上一个画板即自动返回之前跳过来的页面，通常添加在该页的返回按钮上，不用设计师每次都重新定义一遍返回动画。值得注意的是，这个动作会根据上一个页面跳转过来的动画反向执行一遍。

（3）动画属性。在现实世界中，大多数物体发生的位移都不会是匀速的，比如自由落体、抛物线、车辆启停等，这导致我们对元素产生的动画效果也有一样的期待。如果所有元素发生的变化全是匀速的，那会让我们觉得很反常。目前，在Adobe XD中，软件提供了多种标准的缓动（Easing）选项，用于调整动画属性，每种缓动类型都具有独特的节奏和速度变化特征。（图4-27）（表4-6）

图4-27　Adobe XD动画属性缓动类型

表4-6 Adobe XD不同缓动类型的缓动效果

缓动类型	缓动效果
渐出	进程由快到慢的过程。即开始时，进度较快，结束的时候，速度越来越慢
渐入	进程由慢到快的过程。在开始时速度较慢
渐入渐出	在开始时速度较慢，做加速运动到一半时速度达到最快，之后减速，直至结束
对齐	先应用渐出，在结尾处超出原本范围后再缩回，即一个轻微的抖动效果
卷紧	相当于对齐反过来的效果
弹跳	和名字一样，在结束时有几次幅度比较大的抖动

3.设计实施

（1）基础轮播图制作。创建一个基础画板，然后添加轮播图素材。在Adobe XD中，可使用自动动画功能来制作轮播图的过渡效果。例如，通过设置不同状态的画板，并使用自动过渡功能，可以创建一个平滑的轮播图效果。

（2）交互设计。Adobe XD允许添加交互，如点击或拖动，来控制轮播图的行为。可以为每个轮播图状态添加交互，让用户通过点击来切换轮播图的当前显示项。

视频4-4

（3）原型和预览。完成轮播图设计后，设计师可以使用Adobe XD的原型功能来展示设计，并进行实时预览。这可以帮助测试轮播图的动画效果和用户交互动效是否符合预期。

扫描二维码观看视频4-4，可深入学习基础轮播图的制作。

IIIII 思考与练习 IIIIIIIIIIIIIIIIIIIIIIIIIIIIIIIIIIIIIIIIIIIIIIIIIIIIIIIIIIIIIIIIIIIIIIII

1.以"睡眠"为主题，绘制App信息架构图。要求明确展示App的主要功能模块，体现用户流程和导航逻辑。可以以下面的作品设计方案为参考。（图4-28）

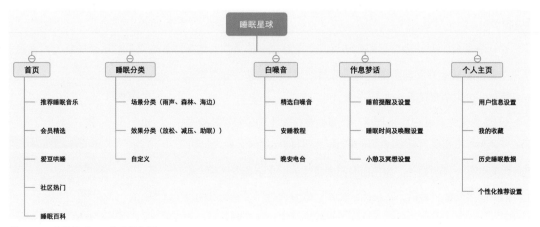

图4-28 睡眠星球App信息架构图

2. 以"睡眠"为主题，绘制低保真原型设计图。要求包含App的关键页面和基本布局，突出核心功能和用户交互。界面应简洁、直观，便于快速迭代和测试，确保设计方向与用户需求相符。可以以下面的作品设计方案为参考。（图4-29）

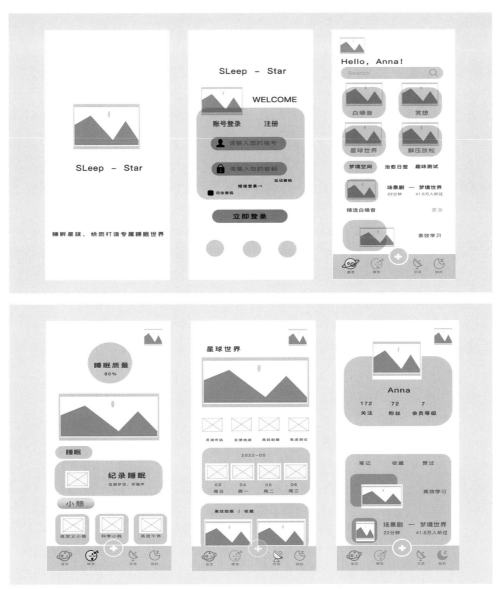

图4-29　睡眠星球App低保真原型设计图

3. 应用Adobe XD进行任意主题App首页轮播图的设计，要求掌握基本的交互原型设计技能。

第五章 社交媒体界面设计

◆ **知识目标**

1.了解社交媒体界面设计的原则和趋势；2.了解社交媒体界面设计的工具和流程；3.了解社交媒体界面设计的视觉设计要点。

◆ **能力目标**

1.掌握社交媒体界面设计的创意设计；2.掌握社交媒体界面设计的视觉表达；3.掌握社交媒体界面设计的用户研究和需求分析。

◆ **素质目标**

1.创新以用户为中心的设计思维；2.提升审美和创新能力；3.提升技术实现和细节把控能力。

第一节 微信公众号图文编排设计

微信公众号作为新媒体广告发布的重要平台，对于吸引用户、传递品牌信息、激发用户情感以及促进用户行为转化具有非常重要的作用。微信公众号平台以其多样化的分类满足了不同用户和企业的需求，主要包括服务号、公众号、小程序和企业微信等类型。每种类型的公众号都有其独特的功能和适用场景，为用户提供了丰富的选择和便利。

服务号给企业和组织提供强大的业务服务与用户管理，帮助企业快速打造全新的公众号服务平台。公众号为媒体和个人提供一种新的信息传播方式，构建与读者之间更好的沟通与管理模式。小程序可以在微信、支付宝、抖音等App内被便捷地获取和传播，同时具有出色的使用体验。企业微信可作为企业的专业办公管理工具，具有与微信一致的沟通体验，可提供丰富、免费的办公应用，并与微信消息、小程序、微信支付等互通，助力企业高效办公和管理。

微信公众号图文编排设计是新媒体内容创作的重要环节，涉及内容的策划、编辑、视觉设计和最终发布。为了确保信息的有效传达和增加视觉吸引力，设计师需要掌握字体选择、字号搭配、颜色运用、图像编辑和版式布局等技巧。同时，微信公众号平台支持丰富的交互功能，如超链接、按钮点击、滑动效果等，设计师可以充分利用这些功能，设计引导用户参与的交互元素，提高新媒体广告的互动性和转化率。

以下是微信公众号图文编排设计的详细步骤和制作要点介绍。

一、微信公众号图文编排设计概述

1. 创建公众号

在微信公众平台上注册并选择适合的公众号类型，进入微信公众号创建后的界面。此界面是公众号操作的核心区域，用于内容创作、粉丝管理和功能设置。（图5-1）

图5-1 微信公众号创建界面图

2. 采编编辑内容

依据公众号定位和目标受众，策划并采编内容。编辑时，注重原创性、信息价值和可读性，确保内容既吸引读者又逻辑清晰、表达流畅，同时可以融入合适的图片、图表等多媒体元素，以丰富内容的表现形式。

3. 设计图文

设计师可以利用秀米、135编辑器等在线排版工具，或者使用Photoshop、Illustrator等专业图像编辑软件来设计图文。在设计过程中，设计师要注意色彩搭配、字体选择、图文布局等，以确保最终的图文既美观又具有阅读的舒适性。

4. 预览和修改

在秀米平台上完成设计后，设计师可利用一键复制粘贴功能，将图文内容转移到微信公众号后台编辑器中并进行发布。（图5-2）

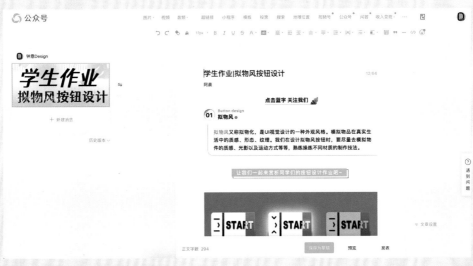

图5-2 微信公众号编辑器界面示意图

二、微信公众号图文编排设计工具与制作

　　微信公众号图文编排设计工具选择对于图文编辑创作至关重要，它不仅影响内容的吸引力，还直接关系到用户的阅读体验。当前市面上比较流行的编辑器包括135编辑器、i排版、秀米等。这些编辑器提供了多样的模板选择，从商务风格到文艺清新风格，满足了不同主题和风格的需求。

　　秀米编辑器拥有一个庞大的模板库，具备强大的编辑功能。通过秀米的拖拽式排版，用户可以轻松调整图文结构，选择合适的字体、颜色和布局，插入所需的图片和媒体元素，并应用各种装饰性的设计元素来增强视觉效果。秀米编辑器作为一款基于网络的排版工具，仅供在线访问和使用，并不提供桌面应用程序下载。用户可以通过浏览器搜索秀米官网，在线进行图文编辑和排版工作。（图5-3）

图5-3　秀米官网界面

　　秀米的用户界面设计简洁直观，即使是初学者也能快速上手，其功能区域主要包括以下几个部分。

1. 模板库

　　秀米的模板库提供多样化的图文模板，用户可以根据自己的内容、风格和需求选择合适的模板进行编辑。（图5-4）

图5-4　秀米模板库

2. 编辑区

用户可以在编辑区内对模板内容进行个性化修改，包括文字、图片、布局等。鼠标定位到编辑区域的输入框里，就可以输入文字。输完文字，鼠标点编辑区域旁边的空白处即可退出输入状态。（图5-5）

3. 工具栏

工具栏中集成了各种排版工具，如标题、卡片、图片、布局、SVG、添加组件等，方便用户进行详细设计。（图5-6）

4. 预览与同步

用户可以点击"预览"或用手机扫码，实时查看编辑效果，以确保图文在发布前达到预期的展示效果。（图5-7）点击"导出"，就可将编辑好的内容复制粘贴到微信公众号后台，简化发布流程。

三、设计思路分析

1. 图文结构

观察优秀的图文设计时，应首先分析其图文结构，常见的是如图5-8所示的"总—分—总"的模式。这种结构首先通过引言部分概述主题，以吸引读者的注意力。接着，通过独立的章节或段落深入探讨主题的各个不同方面。每个章节都应包含一个明确的中心主题句和结论句，以确保内容的逻辑性和条理性。最后，在结尾部分对全文进行总结，以强化中心思想，使读者对主题有更深刻的理解和记忆。这种结构不仅有助于清晰传达信息，还能在读者心中留下持久的印象。

2. 视觉与内容的协调性

在图文编排中，图片和文字应相互补充，图片不仅要美观，还要与文案内容紧密相关，共同传达完整的信息。色彩、字体和布局等视觉元素要与公众号的品牌形象保持一致，以增强品牌识别度。合理的空间布局和元素排列可以创造出舒适的视觉流，引导读者自然地从一个部分过渡到另一个部分。

图5-5　秀米编辑区

图5-6　秀米工具栏

图5-7　预览与同步

图5-8　图文结构分析

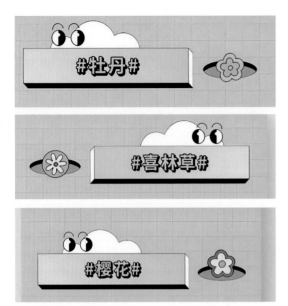

图5-9 图文小标题

3. 行文节奏

行文节奏影响着读者的阅读体验和信息的吸收效率。在文章中，重要的信息或观点应该通过加粗、高亮或者使用不同的字体大小来突出显示，以便读者快速捕捉。分章节内容应保持独立性，避免内容上的拖沓和重复，确保行文节奏明快，避免读者阅读疲劳。（图5-9）此外，文章要合理划分段落，每个段落围绕一个中心思想展开，避免过长或过短，以保持读者的注意力和阅读兴趣。

第二节 小程序界面设计

小程序是一种不需要下载安装即可使用的应用。用户扫一扫或者搜一下即可打开应用，不用担心安装太多应用的问题。这也体现了用完即走的理念，应用无处不在，随时可用，但又无须安装卸载。目前市面上有多款软件推出了各自的小程序平台，包括微信、支付宝、抖音等。其中微信小程序是最早推出的小程序平台之一，用户可以通过微信"发现"页面中的"小程序"入口进入，或者通过扫描小程序码直接打开特定小程序。（图5-10）本小节内容以微信小程序为主，讲解微信小程序界面设计策略与关键设计要点。

图5-10 微信小程序界面

一、小程序界面设计概述

小程序界面设计是指为小程序创建用户界面的过程，涉及视觉元素、布局、导航、交互等多个方面。设计的目标是提供一种直观、易用且视觉上吸引人的用户体验。设计一个优秀的小程序界面，设计师需要深入理解用户需求，把握市场趋势，同时融入创意与审美，才能创造出既美观又实用的用户界面。

微信小程序与其他类型的小程序相似，面临着界面空间的限制。在这样的约束下，设计师必须精心策划，剔除所有非必要的元素，专注于创造一种清晰且流畅的用户体验。因此设计师需要在有限的屏幕空间内巧妙布局，确保用户能够迅速找到所需功能，同时还要保持界面的美观与一致性。色彩、字体、图标和图像等视觉元素的选择与搭配，不仅要符合美学原则，还要考虑到品牌识别度和用户认知。

二、小程序界面设计策略

微信小程序的界面设计是用户对小程序形成第一印象的重要来源。一个美观且实用的界面不仅能够吸引用户的注意，还能提升用户体验，进而提高小程序的使用率和用户满意度。以下是微信小程序界面设计的四点策略。

图5-11 顺丰小程序界面　　图5-12 奶茶小程序界面

1.明确功能导向

微信小程序以突出其功能性为设计核心，因此在界面设计阶段，首要任务是清晰界定其功能特性，以确保用户能够迅速了解其功能，并高效完成目标任务。比如快递小程序的设计以用户为中心，强调快递服务的便捷和高效。（图5-11）设计师识别并强调了小程序的关键功能，如学生专寄、发物流、同城急送等。通过功能导向的方法，界面设计直观地反映了小程序的主要用途。

2.确定基础样式

确定基础样式是小程序界面设计的起点，包括选择色彩方案、字体、按钮和图标等元素。色彩方案应与品牌定位相符，能够传达小程序的核心价值和情感。字体需确保清晰易读，提升信息传递的效率。按钮和图标设计要直观易懂，使用户能够快速识别功能。图5-12的奶茶小程序界面设计使用了柔和的粉色和白色作为主色调，营造了一种轻松和亲切的氛围。

3.设计整体风格

在基础样式确定后，再进一步确定小程序的整体风格。整体风格贯穿于小程序的方方面面，包括布局结构、视觉元素和交互方式，以确保用户在不同页面间转换时能够感受到一致性。整体风格的设计要兼顾美学和实用性，创造出既和谐又有吸引力的界面效果。

4.优化界面布局

布局设计要考虑内容的逻辑性、可读性和易用性。设计师应合理安排页面元素，确保重要信息突出显示、次要信息有序排列。同时，布局设计要兼顾空间利用和视觉平衡，避免界面过于拥挤或空旷。图5-13的小程序首页顶部清晰展示了搜索框和品牌名称，确保用户能够迅速识别小程序并进行搜索操作，为常用功能设置了快捷入口，为对话框提供了清晰的发送按钮、语音输入选项和文件上传按钮，支持用户以不同方式与其后台互动。

图5-13 小程序界面布局

三、小程序界面设计要点

一个优秀的小程序界面不仅是视觉上的享受，还具备操作便捷、注重交互体验、引导用户高效完成任务等特点。以下是小程序界面设计中应考虑的几个关键要点。

1. 界面简洁

微信小程序的界面设计之所以强调简洁性，是因为这种设计理念能够为用户带来一系列显著的好处。首先，简洁的界面设计可以迅速传达核心信息，使用户在第一时间理解小程序的功能和操作方式，减少认知上的负担。

其次，简洁的界面设计通过减少不必要的元素和杂乱无章的视觉干扰，提高了内容的可读性和易读性。用户可以轻松地浏览和消化信息，而不会被复杂的布局困扰。

最后，简洁的界面设计还有助于提升小程序的加载速度和性能。较少的媒体元素和优化的代码减少了页面的加载时间，为用户提供了更加流畅的体验。在移动互联网时代，速度往往意味着更好的用户体验和更高的用户满意度。

2. 导航清晰

在微信小程序的界面设计中，导航的清晰性对于提升的用户体验至关重要。一个直观且明确的导航系统能够使用户轻松识别自己当前的位置，并且明白如何访问其他功能或返回上一个页面。设计师设计时，必须考虑到小程序的层次结构和用户的操作习惯，采用合适的导航元素，如标签栏、侧边栏或顶部菜单等。

对于具有多个层级或模块的小程序，设计师应特别关注导航栏的设计，以确保其清晰性和明确性。这有助于用户在小程序的操作过程中能够清楚地知道自己所在的页面，知道如何进入下一个页面，以及如何返回上一个页面。

以图5-14所示的星巴克微信小程序为例，其界面设计提供了一个清晰且直观的导航体验。用户在首页可以通过导航栏轻松地选择自己感兴趣的内容进行探索。随着用户深入次级页面，内容会根据用户的选择进一步细化，但导航的逻辑和布局仍保持一致。在每个次级页面的左上角，都设有返回按钮，以确保用户在浏览过程中能够方便地回到上一级页面，从而避免迷路或感到困惑。

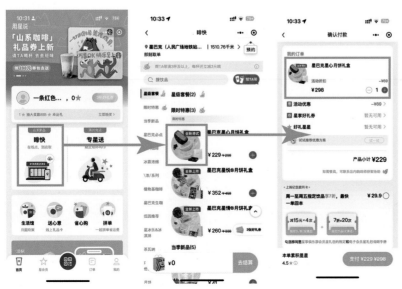

图5-14 星巴克小程序界面

3. 重点突出

在小程序的界面设计

中，突出重点内容是引导用户注意力的有效手段。设计师应识别出每个页面的核心功能或信息，并利用设计手法，如颜色对比、大小区分或图形强调来吸引用户的视线。这种视觉引导不仅能帮助用户快速理解小程序的主要功能，还能提升操作的效率。例如，对于购物类小程序来说，商品图片和价格信息应作为页面的视觉焦点；对于服务预约类小程序来说，则应将预约按钮和时间选择作为突出显示的元素。

视频5-1

扫描二维码观看视频5-1，学习小程序界面设计案例。

第三节 H5媒体界面设计

H5，即HTML5，是构建Web内容的一种语言描述方式，是互联网的下一代标准，用于构建以及呈现互联网内容。HTML5是Web中核心语言HTML的规范，用户在浏览网页时看到的内容原本都是HTML格式的，通过浏览器中的技术处理将其转换成了可识别的信息。

随着H5的快速发展，消费者对H5的页面视觉效果也有了更高的要求。设计师要制作出一个精美的H5，必须先了解H5制作工具的特点。H5制作工具有很多，例如兔展、人人秀、易企秀、iH5等，其核心都是将H5的制作过程转化为添加并编辑模块的方式。

一、H5的类型

1. 场景型

场景型H5通过模拟真实或虚构的场景，为用户提供沉浸式的体验。这种类型的H5被广泛应用于游戏、虚拟旅游、房产展示等领域。它们通常包含丰富的视觉元素、音频和动画效果，以增强用户的参与感。如图5-15所示为宁夏广播电视台为迎接党的二十大制作的H5作品，该作品巧妙地融合了场景型H5的特点，提供了一种新颖的互动体验。用户通过简单的手势操作，即可在屏幕上操控带有自己头像的小飞机，穿梭于不同的城市景观之上，这种个性化的参与方式极大地提升了用户的沉浸感和兴趣。

图5-15　宁夏广播电视台制作的《幸福图景 十年答卷》场景型H5界面

2. 测试型

测试型H5提供各种形式的测试，如心理测试、性格测试、知识问答等，通过互动问题和结果反馈吸引用户参与并分享。这种类型的H5常见于社交媒体和教育平台。如图5-16所示的测试型H5，通过引导用户完成一系列与护肤相关的问答，不仅增加了用户对护肤知识的了解，同时也巧妙地融入了品牌的产品信息。

3. 展示型

展示型H5主要用来展示各种信息，不能与观者进行互动，更类似于电子画册。这种类型的H5侧重于通过精美的视觉设计和动态切换效果，为观众带来视觉上的享受和动感体验。其优点是制作成本低且加载速度快，因此不少商家选择其作为推广品牌和产品的有效手段。

图5-16 HBN品牌制作的测试型H5界面

4. 视频型

视频型H5通过融合动态视觉内容与音频，为消费者带来强烈的感官体验，这种体验往往超越了传统图文所能提供的影响。它们不仅能够复现电视广告般引人入胜的视觉效果，还能通过丰富的人机交互功能，如点击、滑动等，与消费者建立更加深入的互动关系。如图5-17的文旅宣传H5作品，以"正去往神仙地方"为引子，点击"即刻启程"按钮就会播放一段视频，以真实的景物配合卡通奇幻色彩的动画，非常具有吸引力。

图5-17 腾讯与云南合作制作的视频型H5界面

5. 技术型

技术型H5页面以其先进的技术特性和创新的交互体验见长，能为消费者提供前所未有的视觉盛宴。这些页面通常集成了前沿的网络技术，如全景技术或VR、3D图形、重力感应技术，以及多屏互动功能，从而创造出沉浸式和互动性强的用户体验。

6.游戏型

H5技术赋予了网页游戏强大的互动性，这种互动性不仅能够吸引用户深入和频繁地参与，还因其趣味性和分享性，易于在用户间传播，从而扩大品牌影响

图5-18　游戏《斗罗大陆》

力。设计师可以利用这一优势，开发吸引人的网页游戏，通过用户间的自然分享，实现H5内容的二次传播，有效提升用户黏性和品牌可见度。如图5-18所示的《斗罗大陆》游戏，其独特的世界观和引人入胜的故事情节结合H5的便捷性和互动性，为用户提供了一种全新的游戏体验。

二、H5媒体界面设计的基本流程

1.前期准备

在开始H5媒体界面设计前，设计师应先深入分析企业需求和H5的核心信息；然后，根据目标受众和品牌形象，选定H5形式，如展示型、互动型或故事叙述型等。同时，设计师需搜集图像、音频、视频和文案等素材，这些素材可通过H5工具模板或网络资源获取。

接着，设计师需要绘制H5的原型图。（图5-19）原型图可以是简单的手绘线框图，用于快速展示页面的基本布局和功能，也可以是使用专业软件制作的详细原型图，以精确规划页面结构和用户交互。基于原型图，设计师将进一步确定H5的风格、字体、色彩和排版等视觉元素。

另外，设计师可以使用Photoshop等设计软件，确保H5页面的视觉效果与企业品牌形象保持一致，并保证用户界面的友好度和易用性。易企秀等在线H5平台还提供了丰富的模板和工具，能够助力快速且专业地完成H5页面的设计，满足紧急制作的需求。

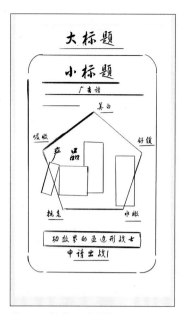

图5-19 绘制H5原型图

2. 选择模板

以易企秀平台为例,设计师可登录易企秀官网,进入H5编辑器,从提供的多种模板中挑选一个符合需求的H5模板(图5-20),譬如邀请函、促销广告、问卷调查或企业宣传推广等类型。选定模板后,设计师点击模板预览图,即可查看该模板的具体样式、交互效果以及其他关键信息,为进一步编辑和个性化定制做好准备。(图5-21)

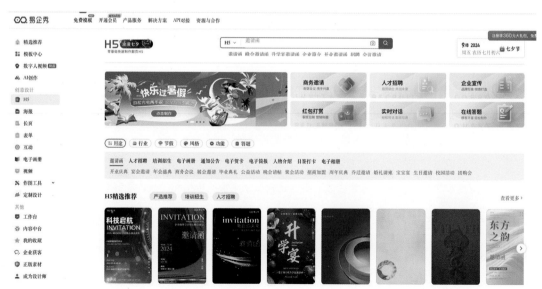

图5-20 易企秀选择模板

上
一
页

1/9

下
一
页

图5-21 点击易企秀模板预览图查看模板

3. 编辑模板

在编辑界面中，设计师可以双击模板中的元素进行内容修改，如文本、图片等。（图5-22）左侧的素材菜单允许添加额外的素材，顶部菜单栏则提供了添加文字、图片、音乐、视频和各种组件的选项。

图5-22 易企秀编辑模板

4. 预览发布

编辑完成后，使用易企秀平台的预览功能（图5-23），通过扫码检查H5页面在不同设备和屏幕尺寸上的显示效果，以确保布局、元素和交互功能均符合设计预期。确认所有设置无误后，设计师可点击发布按钮，将H5页面上线。

图5-23 易企秀预览功能

三、H5视觉设计要点

1.设计创意

在H5视觉设计中，创意是吸引用户的关键。优秀的设计吸引人的不仅是视觉上的美观，还有内容的深度和质量。"内容为王"的设计要点在这里同样适用，这意味着设计应该服务于内容，通过创意的视觉表现来增强信息的传达和吸引力。设计师需要深入挖掘主题，创造出既具有吸引力，又能准确传达核心信息的设计方案，以确保内容的丰富性和表达的精准性，从而激发用户的兴趣并促进信息的有效传递。

2.统一风格

H5页面中的色彩、字体、图像和布局等元素需要保持和谐统一。视觉一致性可以增强品牌识别度，还可以提升用户界面的舒适度和易用性。

3.注重氛围

设计元素可以传达特定的情感和情绪，从而强化H5的主题。色彩、图像、空间布局和动画效果都是营造氛围的工具。例如，一个以自然为主题的H5可能会使用温暖的色调和宁静的背景图像，营造让用户感到平静和放松的氛围。

4.强调真实的用户体验

设计师应以用户为中心，考虑风格、色彩、版式和互动形式等如何共同作用于用户感知。真实的体验意味着用户能够直观地理解如何与H5互动，并从中获得满足感和愉悦感。

第四节 项目实例

项目一："露营"主题微信公众号图文编排设计

1.项目要求

本项目以"露营"为主题制作微信公众号图文，其核心理念是欢乐，并以绿色为主色调，以此营造一种亲近自然、享受自由的愉悦氛围。

2. 设计思路分析

（1）主题表达。明确"露营"主题，通过图文结合的方式，传递积极向上的情绪和对自然的向往。

（2）色彩运用。以绿色为主色调，营造春天的氛围，同时辅以其他色彩，增加页面的活力和吸引力。

（3）图文结构。采用"总一分一总"结构，首先通过引言吸引用户注意，然后分章节详细介绍活动内容，最后以结尾语总结并强调主旨。

（4）用户引导。设计中需考虑用户阅读路径，通过合理的布局和视觉引导，使用户能够顺畅地获取信息。

3. 设计实施

图5-24　广告图制作

（1）广告图制作。使用Photoshop创建符合微信公众号页面尺寸的画布（800×12660像素、分辨率为72像素/英寸），设置合适的底色。将广告图素材置入，并添加活动主题文字，确保文字醒目，且与主题相符。（图5-24）

（2）引言设计。设计引言边框，使用圆角矩形工具绘制，并配以适当的描边和填充色。输入引言文本，选择合适的字体和颜色，调整文字布局。（图5-25）

（3）正文内容编排。设计章节标题和边框，使用圆角矩形和填充色块区分不同章节。根据内容需要，划分图文区域，合理置入图片和文字，确保信息传达清晰。（图5-26）

图5-25　设置引言

图5-26　正文内容编排

（4）活动内容展示。对每个活动环节进行图文编排设计，使用椭圆工具和形状叠加技巧，以增强视觉效果。输入相关小标题和正文，调整文字样式和布局，使其与整体设计风格协调。（图5-27）

（5）往期剪影照片排版。展示往期活动照片，通过合理的排版和设计，激发用户对即将到来的活动的期待。（图5-28）

（6）设计结尾语与求关注图。设计结尾语，总结活动主旨，使用合适的文案和视觉元素进行修饰。制作并置入微信公众号二维码和logo，添加关注引导文案，鼓励用户关注以获取更多信息。（图5-29、图5-30）

图5-27　活动内容展示

图5-28　往期剪影照片排版

图5-29　设置结尾语

图5-30　公众号求关注图

（7）最终效果展示。完成所有设计步骤后，将各个部分整合，形成一幅连贯、协调的公众号图文广告页面长图。（图5-31）

项目二：同学快跑小程序首页改版设计

1.项目要求

同学快跑小程序主要定位于校园外卖配送，向用户展示附近的商家，并引导用户通过小程序下单，提供在校学生的订餐服务与校园内的外卖配送服务。本项目是对已有的小程序进行设计改版，优化其首页产品功能项、美化界面视觉设计。

2.设计思路分析

（1）明确用户需求。同学快跑小程序主要针对校园外卖配送，因此主要受众群体是校园学生。以下为三位典型代表用户的身份特征、对小程序的使用感受、需求和痛点分析。（表5-1）

图5-31 "露营"主题微信公众号图文最终效果展示

表5-1 同学快跑小程序用户调研

用 户	调研内容
	A 同学 19 岁 / 女 / 大二 用户体验：中 需求：不想在食堂排队，能快速吃饭 痛点：配送速度时快时慢，有时候不知道订单进行到哪一步了，没有详细的配送轨迹
	B 同学 18 岁 / 男 / 大一 用户体验：中 需求：想要看到大家的使用体验 痛点：App 页面不清晰，不能更快捷地点餐，选择也有点困难
	C 同学 20 岁 / 女 / 大三 用户体验：中 需求：想要一款不用出寝室门就能吃到饭的 App 痛点：配送较慢，页面较乱，可选择东西少

我们从用户的需求和痛点分析可以总结出，目前同学快跑小程序的优势之处在于可以提升用户的用餐速度，但是在功能上，不能显示具体的订单进度以及配送轨迹，让用户在使用时感到焦虑和模糊，体验舒适度降低。此外，在界面设计上，内容的主次关系没有得到很好的划分，页面较混乱，导致用户无法便捷点餐，因此在视觉设计上，需要更加注重功能板块的划分。

（2）分析竞争对手。在分析同学快跑小程序的竞争对手时，我们发现"大众点评""美团"和"饿了么"在用户基础和品牌影响力上占有优势。这些竞争对手的小程序首页设计具有明确的布局重点和统一的视觉风格，提供了便捷的用户体验。（图5-32）

图5-32　大众点评、美团、饿了么小程序首页视觉设计

相比之下，同学快跑小程序的首页设计需要改进。其布局缺乏清晰重点，颜色搭配不统一，缺少鲜明的品牌特色，这可能导致用户难以记住该小程序。在功能上，同学快跑小程序存在订单取消过程不够直观，需要额外的沟通步骤等情况，影响了用户的操作便利性。因此，同学快跑小程序在设计上应更加注重品牌识别度和用户界面的直观性。（图5-33）

（3）确定设计风格。经过详细分析，我们可以看出，同学快跑小程序存在定位不明确、功能布局杂乱、页面不清晰、没有品牌标志性logo等问题，让用户缺少对品牌的认知，以及对页面没有记忆点。同学快跑小程序想要从众多外卖配送产品中脱颖而出，就要解决上述问题，如增加统一、搭配清新的色彩，设计更加清晰明了的页面布局，以此来提升内容的识别度和产品的辨识度，更好地提升用户体验。

图5-33　同学快跑小程序首页视觉设计

3. 设计实施

（1）制作小程序首页低保真原型设计图。根据前面所总结的设计思路与设计风格，运用收集的素材来完成同学快跑小程序首页界面的视觉设计草案，完成首页界面的低保真原型改版设计图。本案例主要根据手机首页界面的布局来制作原型设计图，（图5-34）制作时尽量让原型图与实际效果的比例大小相符合。

（2）添加小程序名称及logo。为了提升同学快跑小程序的品牌识别度，可以在页面最上方添加企业的名称和logo。

（3）banner视觉设计。由于本例是与餐饮有关的小程序界面，因此可以选择与饮食有关的图片作为banner页面的图片。设计师在设计时应避免出现图片过于杂乱而影响主题文字突出的情况；在文字描述时也应尽量使用简洁清晰的文字，以免用户产生视觉疲劳。

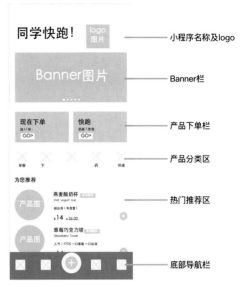

图5-34 同学快跑小程序首页原型设计图

（4）产品下单栏设计。由于本案例是外卖软件，因此设计师应将产品下单栏设置在界面中最引人注目的地方，让用户可以一眼看到下单区，突出小程序的功能重点。在颜色设置上，设计师可以使用与logo颜色相近的蓝绿色系，使界面的整体风格和品牌logo相统一。

（5）产品分类区和热门推荐区设计。这两个区域作为次级重要的信息，不使用背景颜色作为装饰，和下单区做出区分。产品分类区使用线条图标和文字结合的方式让信息更加简洁、清晰。热门推荐区设置产品图片、产品名称，还设置了加入购物车的图标，与整体的简约风格相统一。

（6）底部导航栏设计。底部导航栏主要使用图形元素来进行视觉设计。设计师在选中图标后，应采用和主题色相统一的蓝绿色系进行点缀，与其他图标做出一定的区分。

（7）完成首页界面的高保真视觉设计。字体、配色、图标、瓷片区设计等的最终呈现效果如图5-35所示。

扫描二维码观看视频5-2，可深入学习同学快跑小程序首页改版设计。

视频5-2

图5-35 同学快跑小程序首页
视觉效果图

项目三：HBN品牌H5广告设计

1. 项目背景

HBN护肤品牌自2019年成立以来，秉承"效果可见"的创新理念，专注于提供高性价比的护肤产品，以确保消费者的每分投入都能获得实际效果。本项目就是要结合HBN品牌的核心价值和产品特性，设计H5互动广告，以进一步加深用户对品牌的认知。

2. 项目要求

（1）年轻风格。H5广告设计需符合年轻消费者的审美偏好，展现品牌的年轻和时尚元素。

（2）创意内容。每一页的内容需围绕肌肤问题的发现、形成原因、解决方案和产品优势进行创意性表达。

（3）视觉风格。采用色彩绚丽、卡通与实物产品相结合的风格，以吸引目标受众的注意力。

（4）音乐元素。选择欢快的音乐作为背景，以增强广告的吸引力和感染力。

（5）互动设计。设计易于操作的互动环节，如点击翻页，以增强用户体验。

3. 设计实施

下面以一位同学设计的H5广告为例，详细讲解设计实施的内容。

（1）内容策划。精心策划H5广告的文案和结构，确保内容与年轻用户的生活方式和语言风格相契合。通过观察年轻群体的日常喜好和交流方式，创作出既有深度又能引起共鸣的文案内容。（表5-2）

表5-2　HBN品牌H5内容策划

页面名称	重点文案、画面内容
第一页	文案：HBN 介绍手册 画面：HBN 的 logo、手绘风 HBN 产品、绿色自然元素背景
第二页	文案：灰姑娘要去参加王子的宴会，可是后妈前一天晚上让她干活到半夜，皮肤干燥、眼袋泛黑，这该怎么办 画面：手绘风卡通白雪公主、闹钟、扫帚
第三页	文案：点击南瓜马车获得神奇魔法；触摸仙女教母的魔法棒，有惊喜哦 画面：手绘风仙女教母、南瓜车
第四页	文案：多通路根源抑黑抗糖、抗氧、抗光损，多维发力；抗光损修护，抑黑焕白科技，自研 5D 焕白；比水晶鞋更加有魔法 画面：灰姑娘拿着水晶鞋，以及 HBN 产品
第五页	文案：皮肤细腻紧致、改善肌肤弹性、淡干纹细纹 画面：HBN 产品的一张大图和三张小图
第六页	文案：熬夜克星来喽；视黄醇 A 醇护肤品，早 C 晚 A，提拉紧致保湿 画面：HBN 产品图
第七页	文案：感谢您一直以来对 HBN 的支持。惊喜礼品、姓名、电话、收货地址、邮箱、提交 画面：填写个人信息的填框和提交按钮

（2）视觉设计。作品的静态界面设计如图5-36所示，采用鲜明的色彩搭配和活泼的手绘卡通形象与HBN实物产品相结合，打造出富有吸引力的视觉体验。以白雪公主的童话故事引出核心产品及其功能，故事情节生动有趣，同时能突显产品的独特卖点和核心优势。

图5-36　H5广告静态界面设计

（3）塑造品牌形象。在H5广告第一页的中心视觉区放置了品牌的logo，在文案中也多次提到品牌功能特性，通过上述一致的视觉元素和设计语言，加强HBN品牌的识别度。无论是在色彩选择、字体样式，还是构图风格上，都体现出品牌年轻、时尚的定位，使品牌功效和形象深入人心。

（4）交互设计。使用MAKA在线设计平台制作H5动效，可让静态的页面瞬间"活"起来，创造出具有互动性和视觉吸引力的翻页广告。在此过程中，还可加入滑动翻页、点击跳转等交互元素设计，增强用户的记忆点和广告的视觉冲击力，提升用户体验感和参与感。

经过以上设计步骤，最终HBN品牌的H5广告将以年轻、趣味、互动性强的形式呈现。

扫描二维码观看视频5-3，查看H5动效广告效果。

视频5-3

1. 用平面设计软件或者秀米平台设计制作一篇微信公众号图文。采编与设计一篇与王希孟的《千里江山图》有关的文创产品营销类微信公众号图文。可以以图5-37所示的"只此青绿"设计方案为参考。

图5-37 "只此青绿"微信公众号图文编排设计

2. HBN小程序改版设计。针对HBN品牌需求，对现有小程序进行用户体验和界面设计的改版。改版设计需提升用户操作便利性，增强界面美观度，同时保持品牌特色。可以以图5-38所示的设计方案为参考。

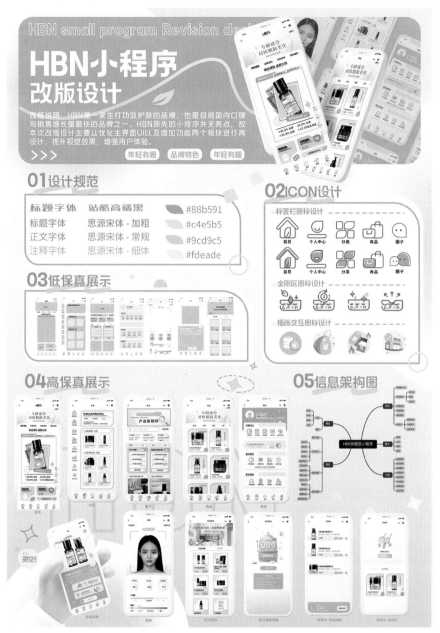

图5-38　HBN小程序改版设计

3．H5媒体广告设计。自拟品牌，设计一套H5媒体广告，以增强品牌宣传和产品推广。广告设计需具有创意性、互动性和分享性，同时符合品牌调性。

第六章 动态海报设计

◆ **知识目标**

1.了解动态海报的概念；2.了解动态海报的特点；3.了解动态海报的设计工具与方法。

◆ **能力目标**

1.掌握动态海报的分类；2.掌握动态海报设计原则；3.掌握动态海报的制作方法。

◆ **素质目标**

1.培养动态海报设计创新思维能力；2.提升动态海报审美鉴赏能力；3.培养终身学习的习惯和自我提升的能力。

第一节 动态海报概述

一、动态海报的概念

动态海报是一种利用动画、视频、音频等多媒体元素来呈现信息和吸引观众注意的海报形式，是在多媒体技术支持下，由传统的静态海报衍生而成，通过添加运动、变化和转换等效果更好地为产品、活动、企业等进行宣传的广告形式。动态海报在现代设计中具有独特的地位，它通过引人注目的视觉冲击力、良好的用户体验、强大的信息传达效果等，为设计师提供了更丰富的创作空间和表达方式，现已被广泛应用在现代设计的多个领域，涉及商业活动、影视文化、文化活动、社会公益事业等方面。

随着计算机技术和互联网的快速发展，动态海报作为一种新型的信息传达方式逐渐兴起。最早出现在电子屏幕上的动态海报，如电视、电影院的广告，利用电子屏幕的特性，通过播放视频、动画等元素来吸引观众的眼球，但这种形式的动态海报被限制在特定的场所和设备上。移动设备的普及和新媒体时代的发展，使得动态海报逐渐进入了普通用户的视野，人们可以随时随地在移动平台上接触到这一形式的信息，这为动态海报的发展提供了更大的空间和机会。现在，动态海报在移动平台、楼宇广告、智能设备等领域的应用越来越广泛。企业、设计师、自媒体工作者等也可以通过社交媒体平台发布和分享自己制作的动态海报，与浏览者进行交流和互动。

二、动态海报与传统海报比较

从人类社会发展的角度来看，社会的发展往往伴随着信息传播方式的变革。动态海报就是在新技术背景下得以发展的产物。

首先，相较于传统海报静态的表现方式，动态海报具有动态艺术表现形式多样、画面逼真、生动活泼、充满趣味性等优点，更加容易吸引人们的注意力，能够快速、有效、准确地传播信息。其次，动态海报能够通过动画效果和交互元素的运用，从时间的维度冲破静态表现形式的禁锢，更好地体现品牌创意和表现力，从而更好地展示品牌的个性和特点，恰到好处的动态设计能够让观者回味无穷，进而增强对于品牌形象及内涵的认可度。最后，动态海报可以通过动效、音频等多媒体元素提供更为丰富的娱乐内容，增加用户的参与度和体验感。观众可以通过与动态海报的互动来获取更多的乐趣，从而更容易记住和传播相关信息。

动态海报的兴起对设计师而言既是挑战，也是机遇。设计师突破传统平面海报设计的框架，将设计想象和创意思维融入到海报创作中，并充分利用数字技术实现动态设计，这种创新不仅赋予了动态海报超乎预期的信息传递效能，使广告更具吸引力，而且也促使设计师以全新的视角审视和发现事物间的内在联系，进一步激发他们的创造力，使动态海报在不同媒介上展现丰富多彩的设计效果。

三、动态海报的应用场景

1. 广告和营销应用

动态海报在广告和营销中的应用非常广泛，在社交媒体平台、数字广告、户外广告等多个渠道上都经常出现，展示产品、服务或活动的特点和优势，增加品牌曝光度和吸引力。这种类型的动态海报通常会采用醒目的色彩，以提高品牌的吸引力和曝光度。如图6-1所示，京东超市在营销期间使用动态海报来突出促销活动的主题，吸引消费者。

图6-1 京东超市营销动态海报部分帧

2. 活动和展览呈现

各类活动和展览中也经常使用动态海报，通过动画、视频和交互元素，展示活动的主题、亮点和议程，提高参与者的兴趣，为参与者提供更丰富的体验并提供更多的互动和参与方式。图6-2是第十届北京国际电影节先导海报，其概念是主打"十"这个汉字。这幅动态海报中将汉字"十"做成风车形状，风车转得比较快的时候，"十"字就会变成一个圆，十个圆形组成了天坛造型。这也就是前面所说的在完整展示活动信息的同时，利用有趣的创意吸引观众的注意力。

图6-2 第十届北京国际电影节先导海报部分帧

3. 品牌推广

动态海报可以更好地展示品牌形象和价值观。通过动态元素和视觉效果的呈现，品牌以更加生动、有趣的方式展示其形象和与众不同之处，能更有效地提高品牌的辨识度和认知度。动态海报可以在网站、社交媒体平台、电视广告等多个渠道上使用与传播，有利于吸引目标受众的关注，增强品牌的影响力。如图6-3所示，支付宝在其9.9版本推广中，使用了以"在乎"为核心情感的动态海报，通过动态效果展现了游子对家的思念和牵挂，从而增强了品牌的情感连接和用户黏性。

图6-3 支付宝品牌推广动态海报部分帧

4. 社交媒体表现

在社交媒体平台上，动态海报可以通过运动、变换和视觉效果吸引用户的注意力，使他们停下来观看，可以使内容发布者在社交媒体上脱颖而出。如图6-4这幅抖音的动态海报，在蒙娜丽莎画像上绘制线条插画，并使其抖动、忽明忽暗，用动态的效果展现对世界名画再创作的趣味性。这种设计在社交媒体上能够快速吸引用户的注意力，并提高品牌的生动性和可识别性。

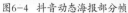

图6-4 抖音动态海报部分帧

四、动态海报常见设计工具

动态海报的设计与制作需要使用各类软件工具，来辅助实现各种动态效果。以下为常用的软件工具。

1. Adobe After Effects

Adobe After Effects是动态海报的主力生产工具，简称"AE"，是Adobe公司推出的一款图形视频处理软件，具有强大的动画和特效功能，可以高效且精确地创建无数种引人注目的动态图形和震撼人心的视觉效果。AE的时间轴和关键帧功能使得制作动态海报更加精确和高效，同时AE还提供了丰富的特效、过渡效果和动画工具，可以帮助创建各种炫酷的动态效果，并支持多种输出格式。

2. Adobe Photoshop

Adobe Photoshop，简称"PS"，是由Adobe Systems开发和发行的一款图像处理软件。PS主要处理以像素所构成的数字图像，使用其众多的编修与绘图工具，可以有效地进行图片编辑和创造工作。PS拥有很多功能，在图像、图形、文字、视频、出版等各方面都有涉及。作为一款功能强大的图像处理软件，PS可以用于制作动态海报。它提供了丰富的工具和功能，支持多种文件格式，其图层功能和动画时间轴使得制作动态海报变得简单又灵活。

3. Procreate

Procreate是一款运行在iPadOS上的强大的绘画应用软件，让iPad也能够拥有和台式电脑绘画软件相媲美的绘图效果，是制作简易动态海报的快捷选择。这款软件充分利用iPad屏幕触摸的便捷方式，更加人性化的设计效果，让创意人士能够随时把握灵感，像拥有一个属于自己的移动艺术工作室一样。

第二节 动态海报的特点

一、多元性

动态海报是传统平面海报的一种延伸，图片、声音、影像的加入使得动态海报变得更加丰富与多元，具有了更强的表现张力和视觉冲击力。动态海报可以将二维、三维与多维相结合去诠释多种不同类型的设计题材，也可以在一幅作品里单独、交叉、综合使用实拍、电脑技术与纯手绘等方式，进行多元化综合材料交叉学科的尝试与实验。动态海报在进行有效信息传达的同时，给受众带来了视觉、听觉、感知及互动等多个方面的感受体验，人们能够从动态的图形、文字及色彩的变化里获取更多的有效信息。2000年，德国汉诺威世界博览会的标志以"人·自然·技术：展示一个全新的世界"为主题，这是世界上第一个动态标志，（图6-5）也是静态信息符号向动态发展的起点。梦幻般的色彩变化、极具张力的造型转换、未来感十足的音效，这个标

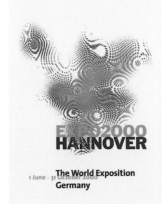

图6-5 德国汉诺威世界博览会标志部分帧

志一经发布，迅速在设计界引起广泛关注，被誉为"会呼吸的标志"。

二、连续性

连续性是指动态海报能够通过元素、动画或视频来表达一个连贯的故事或传达一个特定的信息，通过图像的变化和动作的流畅性来吸引观看者的注意力。这种视觉叙事的方式能够更好地传达信息和情感，让观众更容易理解和记忆。

三、娱乐性

与传统海报相比，动态海报能够以更生动、有趣的方式呈现内容，吸引观众的注意力，并提供更丰富的娱乐体验。它能够通过动画、视频和交互元素为观众提供娱乐和乐趣。娱乐性是动态海报设计的重要特征之一，为了达到预期的宣传效果，设计师在进行动态海报设计的时候需要和宣传对象的营销方案互相配合，从而满足受众对娱乐性的需求。

四、互动性

与传统海报相比，动态海报具有更强的互动性。动态海报提供的信息量较大，观众需花费时间体验动态海报带来的视觉、听觉、感知、互动等全方面的感受。在动态海报演绎的过程中，主体对客体的感受在观看时逐步加深，从而能够对海报中所传递的内容进行更深一层的交流与互动，并加深情感体验。从设计的角度来看，动态海报为设计师提供了一种全新的叙事方式，动态效果和互动元素的运用更精准地引导了观众的情感流向和注意力焦点，使设计意图得到更充分的展现，同时也激发了设计师探索更多样化的视觉传达形式，来满足不同受众群体的需求。

第三节 动态海报的动态效果

动态效果是指在设计中使用动画和运动来增加视觉吸引力和互动性的一种方式，它通过运动、变化和交互来吸引观众的注意力，为设计作品增添生动和活力。以下为常见的动态效果。

一、基础属性效果

1. 渐变效果

渐变效果是指在图像中通过改变颜色或图像进行过渡的方式，设计师可以创建出色彩过渡和光影变化。这种效果可以为海报增添视觉层次，增强视觉吸引力，同时还能够营造氛围，使海报的背景更加生动，从而增强观众的沉浸感。

2. 缩放和移动效果

通过缩放和移动图像或对象的位置，可以创建出具有运动感的动态效果，这种效果经常被用于突出显示某个元素或者在海报中需要引起观众注意的部分。例如图6-6，海报中的"雨"文字元素以缩放的形式动态展

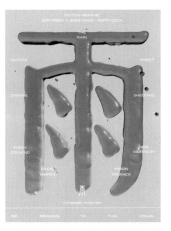

图6-6 "雨"主题动态海报部分帧

图6-7 电影《神奇女侠1984》动态宣传海报部分帧

图6-8 广州美术学院2022年毕业展动态海报部分帧

现时,能够迅速吸引观众注意到"雨"字和该字的细节设计,使海报在众多静态或传统动态设计中脱颖而出,激发观众的好奇心,促使他们进一步关注海报所传达的信息。

图6-7为电影《神奇女侠1984》的动态宣传海报。画面运用流光溢彩的光影效果,以及神奇女侠人物形象缩放和移动的动效设计,增强海报的视觉吸引力和生动性,同时也展现了电影的风格和主题。

呈现的效果通过元素在画面中的位置移动来实现,移动的棋子结合颜色的对比,给观者创造出一种动态的流向,引导观众的视线去浏览棋局的变化。

3. 旋转和翻转效果

旋转和翻转可用于需要表现动感和活力的主题海报设计,也可以用于需要表现富有变化的海报中。例如,在一些宣传新品牌或新服务的海报设计中,会使用旋转和翻转效果隐喻创新和进步。因为通过旋转和翻转特定的元素,将观众的视线引导到海报的重要信息上,可让观众从不同的角度观察海报元素。图6-8是广州美术学院2022年毕业展动态海报,将广州美术学院的英文名首字母缩写GAFA以炫彩、透明的激光风效果去表现。透明激光材质的字母线条,在视觉感官上极具吸引力,旋转效果与错视重叠的效果相结合也给观众提供了新的视觉体验。

4. 透明度效果

通过改变图像或对象的透明度属性,设计师可以创建出淡入淡出的视觉动态效果,从而增加画面的层次感和立体感。透明度效果可以使颜色之间的过渡更加柔和,给人营造出柔和与梦幻的氛围。

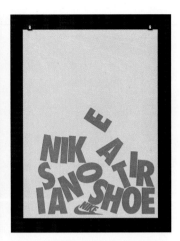

图6-9　耐克品牌动态海报部分帧

图6-10　环绕效果动态海报部分帧

新媒体界面设计

图6-11　端午节动态海报部分帧

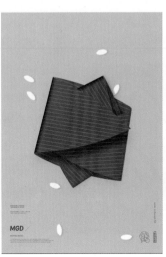

5. 文字动画效果

常见的文字动画效果有缩放、弹跳、打字机、跳动等类型，通过调整动画参数和效果，设计师也可以创建更多独特的动态文字效果。不同的文字动画效果可以传递出不同的情绪与氛围。如图6-9所示的耐克品牌海报模拟了字母受重力影响掉落并弹跳的视觉效果，倾倒掉落的文字彰显出品牌的动感和个性。

二、特殊效果

1. 运动模糊效果

运动模糊效果通过捕捉物体在移动过程中的模糊轨迹来表现速度感，常被用于运动场景或快速移动的物体上。这种效果可以使海报中的物体看起来像是在运动中，给人一种动态的感觉。

2. 环绕效果

通过在图像周围添加环绕的元素，如光线、火焰或涟漪等，设计师可以创建出环绕、包围或扩散的视觉动态效果。如图6-10所示，这种效果可以使海报中的物体看起来像是被环绕或是被包围，使海报具有立体感和深度感。

3. 折叠效果

通过将图像分割成不同的部分，并在时间轴上应用动画效果，设计师可以创建出折叠、展开或旋转的效果。这种效果可以给海报带来更丰富的视觉变化和动态感。如图6-11案例利用折叠、展开动态效果模拟端午节包粽子这一动作过程。设计师营造出了一种轻松愉快的节奏感，使用这一方式将端午节的传统文化元素以更加生动、直观的方式传播给更广泛的人群。

4. 动态路径效果

动态路径是一种在动态海报中创建运动路径的效果。它通过在动画中使用路径将图像或元素沿着指定的路线移动或延展，并创建出流畅的动画效果，给人一种连贯和流动的感觉。（图6-12）在动画中使用路径来引导元素的移动可以帮助观众集中注意力，路径的形状和方向可以引导观众的目光，使他们更加关注元素的运动轨迹，同时创造出令人惊喜和新奇的效果，增加观众的兴趣和参与感。

5. 粒子效果

粒子效果指的是通过小而离散的图像元素（粒子）的运动和交互来创造出炫目的视觉效果。这些粒子可以是小点、小圆圈、小方块或其他形状的图像元素，也可以以不同的形状、大小和颜色出现，并在海报中飘动、旋转或爆炸，营造出生动的氛围，使图像更加吸引人。如图6-13所示的电影《流浪地球2》的角色海报，利用粒子效果表达了当无数尘埃汇聚就能有无限可能的设计理念。

图6-12 随机造型装置艺术展动态海报部分帧

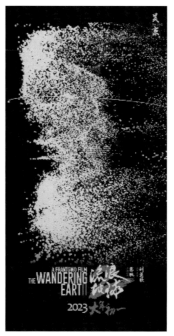

图6-13 电影《流浪地球2》角色海报部分帧

常见的粒子效果类型有粒子喷射、粒子流动、粒子爆炸、粒子形变等。要实现这些粒子效果，通常需要使用Adobe After Effects这样的专业图像处理软件。在软件中，设计师可以进一步调整粒子的属性，如速度、大小、颜色等，以增强粒子效果的视觉效果。

第四节 项目实例

项目一：苏州城市宣传动态海报设计制作

1. 前期准备阶段

（1）确定项目目标和需求。本阶段需要与项目的利益相关者（如客户、团队成员）进行有效沟通，了解他们的期望、目标和需求，明确项目的整体目标、边界和范围、目标受众以及预算等信息，以确保项目方案能有效进行。以上可以通过召开会议、访谈或问卷调查等方式进行。

（2）建立项目计划。根据上一步的工作，制定详细的项目计划，包括项目的里程碑、任务和工作流程，以及资源分配和时间安排；识别项目可能面临的风险和障碍，并制定相应的风险管理计划；制定项目评估和监控的方法和指标，以便及时评估项目的进展和结果，并进行必要的调整和改进，以确保项目的顺利进行和成功交付。

（3）进行创意研究。在这一阶段可与团队或其他创意人士组织头脑风暴会议，共同讨论和生成创意。通过开放性的讨论和思维碰撞，可以激发新的创意和想法。

2. 创意与设计阶段

（1）创意发展和草图设计。从头脑风暴中选出最有潜力的创意，并进行初步的筛选和评估，需要考虑创意的可行性、与项目目标的契合度以及创意的独特性和创新性。选择出最有潜力的创意后做进一步的发展和细化，包括绘制草图、制作故事板、构思动态元素的运用方式等。在这个阶段，可以尝试不同的布局、色彩方案和排版方式，以及探索不同的动态效果和过渡效果。（图6-14）

根据创意的发展，开始制作草图设计。这些草图可以是手绘的，也可以是使用设计软件制作的初步设计，目的是将创意概念可视化，并为后续的设计工作提供参考和指导。同时需要与团队、客户或其他相关方分享草图设计，并收集反馈意见，根据反馈进行调整和改进，以确保设计与项目目标和需求相符。

（2）制定设计方案。参考前面提到的创意发展和草图设计的步骤，生成多个创意方案，并进行初步的筛

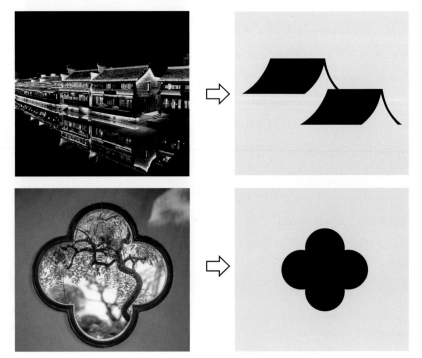

图6-14　元素设计对比图

新媒体界面设计

选和评估。根据项目目标和需求，选择最有潜力的创意方案做进一步的开发和细化，细化内容包括整体的设计风格、色彩方案、排版和布局等。设计概念应该与项目目标和需求相契合，并能够有效地传达所需的信息和情感。

（3）进行设计制作。根据设计方案，开始进行初步的设计制作，包括使用设计软件创建设计稿、选择合适的图像和素材、调整颜色和排版等。初步设计应该能够呈现出设计方案的整体外观和风格，并为后续的细化工作提供基础。

以下是在Adobe After Effects中制作动态海报的一些关键步骤和功能。

a.创建和导入新文件。我们预先在Adobe Illustrator（AI）中制作好静态海报，（图6-15）并将每个需要制作动态的元素单独放置在独立图层，没有动态的元素可放置在同一个图层中，并给每个图层命名，以便导入Adobe After Effects（AE）中制作动效。（图6-16）静态海报制作完成后注意要保存为ai格式导入AE中。

打开AE软件，选择"文件"->"导入"->"文件"或双击项目面板将制作好的ai文件导

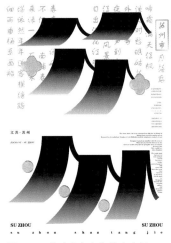

图6-15 苏州城市宣传静态海报

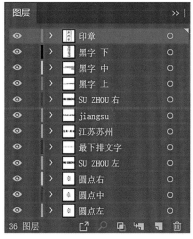

图6-16 静态海报图层划分

入。在弹出的面板中选择"合成"和"图层大小"，点击确定即可将文件导入项目面板中。（图6-17）

b.主视觉动态效果制作。通过双击项目面板中的文件，AI中整理好的图层便可出现在AE图层面板中。选中主视觉"苏州"所在图层，在"效果和预设"面板中为其添加CC Mr.Mercury效果。（图6-18）

CC Mr.Mercury主要用于创建类

图6-17 导入文件对话框

图6-18 主视觉动效部分帧

似水银等液态金属或油漆的动态效果，本质是模拟一个发射水银粒子的椭圆形发生器，基于源图像的像素创建自带动画的效果，范围限制在图层大小范围内。图层应用上效果后，根据想要的效果修改效果控件中的参数，可参考图6-19。然后选中"Blob Death Size"效果属性在时间轴0秒处打上关键帧，将时间光标移动到合适位置，再将"Blob Death Size"数值设置为5，即可获得以上效果。

　　c.文字渐出效果制作。新建文字图层，输入需要的文字。展开文字图层下拉栏，点击右侧"动画"->"不透明度"。（图6-20）继续展开"范围选择器1"，选中"起始"属性，数值为0时，在时间轴0秒处打上关键帧，移动时间光标至合适位置，修改属性数值为100，即确定了效果结束位置。再修改"不透明度"为0，此效果就制作完成了。（图6-21）

图6-20　文字图层属性界面

图6-19　CC Mr.Mercury属性参数　　图6-21　文字渐出效果部分帧

图6-22　其余动效部分帧

　　d.应用其余动态效果。除主视觉以外，还需要一些具有简单动效并与主视觉相互配合的元素，来丰富动态海报视觉效果。这些元素可以调整基础属性，如位置、不透明度、旋转、缩放等，亦可以多个基本属性组合搭配使用。选定好出场与退场的时间，使用关键帧来设置动效的起始和结束状态。（图6-22）

　　e.导出和分享。完成动态海报后，最终效果可参考图6-23。选择"文件"->"导出"->"添加到Adobe Media Encoder队列"，进入Adobe Media Encoder软件，导出GIF、MP4或其他需要的格式，然后选择保存的位置和设置导出选项，最后将动态海报分享到社交媒体、网站或其他渠道。

　　制作过程中要定期与客户或团队进行沟通和反馈，根据反馈来调整和改进，确保设计方案符合预期，并满足项目目标和需求。获得反馈后，进一步调整完善，进行详细的设计制

图6-23　苏州城市宣传动态海报部分帧

作、图形处理、动态效果优化等，以确保动态海报在视觉上吸引人、易于理解和传达所需的信息。

扫描二维码观看视频6-1，可掌握苏州城市宣传动态海报制作的完整过程。扫描二维码观看视频6-2，查看苏州城市宣传动态海报的最终效果。

视频6-1　　　　视频6-2

3. 审核与交付阶段

（1）审核和修改。在最终修改后，再次进行审核，以确保所有的修改和调整都已经正确实施。

（2）最终交付和发布。将动态海报的设计文件整理和准备好进行最终交付，包括生成高品质的设计文件、准备设计说明文档、整理相关素材和资源等。动态海报要定期进行维护和更新，以保持其效果和信息的新鲜度。

（3）项目总结和评估。动态海报发布后，跟踪和分析其表现与效果，如了解动态海报的曝光量、互动率和转化率等，以评估其对目标受众的影响和效果。

▓▓▓▓▓ 思考与练习 ▓▓▓

1.请选取一个你认为优秀的动态海报案例进行全面的分析。分析其设计思路、视觉效果、信息传达效果及其在界面设计领域的应用。

2.请设计一个App启动页面的动态海报，展示应用的主要功能和品牌形象。

设计要求：采用简洁明了的设计风格，确保信息清晰易读。运用合适的节奏控制，使观众能够在5秒内完整地接收并理解所有信息。海报包含至少3个动画元素（例如文字、图标或背景的动画效果）。扫描二维码观看动态海报效果视频6-3，可对其动态效果进行参考。

视频6-3

第七章 网页界面设计

◆ **知识目标**

1.了解网页与网页界面的概念和分类；2.了解网页界面的发展；3.了解网页界面设计的要点；4.了解网页界面设计的编排方法。

◆ **能力目标**

1.掌握网页界面的分析方法；2.掌握网页界面版式设计的方法；3.掌握网页界面首页和分页设计的方法。

◆ **素质目标**

1.提升自身的审美情趣与人文素养；2.能够及时跟踪新媒体界面设计的前沿信息，树立终身学习的意识。

第一节 网页界面概述

20世纪末，互联网逐步走进大众视野，发展至今，已与人们的生活息息相关，并出现了各式各样、五花八门的网站。网页界面设计从30年前基本以文本为主演变到今天，不再只是信息的呈现，而是融合了美学、技术与用户需求等多个方面的综合呈现。

一、网页与网页界面概念

网页是构成网站的基本要素，亦是承载各类网站应用的重要平台。网页作为超文本标记语言格式（.html或.htm，html 是针对长文件名格式所进行的命名，htm则是为了兼容过去的DOS命名格式而存在，两者在效果上并无区别，皆属于标记语言），是一种能够在万维网上进行传输，并经由网址（URL）被浏览器识别，进而翻译成页面显示出来的文件。通俗来讲，网站是由网页所组成，倘若仅有域名和虚拟主机，却未制作任何网页，那么便无法访问该网站。通常情况下，在各种浏览器上搜索进入的界面便是网站网页的界面，也就是网站整体所呈现出来的界面效果。

网页界面是用户界面中的一个重要分支，主要由图像、文字、色彩等丰富的视觉元素精心组合而成，共同构建出独特的网站画面。这些视觉元素生动地传达出网站所要表达的含义，成为连接用户与网站内容的关键桥梁，以实现高效的人机交互为根本目的，担负着不可或缺的中间媒介作用。在网站编程代码的基础上，精美的图像和文字以巧妙的布局、合理的色彩搭配在界面上呈现，为用户带来便捷流畅的浏览体验，而且极具审美价值。

扫描二维码观看视频7-1，可深入学习网页界面的概念。

视频7-1

新媒体界面设计

二、网页界面的历史与发展

1. 早期静态网页（20世纪90年代）

20世纪60年代因特网问世，但当时仅供极少数专家使用。1990年，英国科学家蒂姆·伯纳斯·李发明了首个网页浏览器——World Wide Web，也就是大家所熟知的万维网（WWW）。它是一个通过互联网访问，由众多相互链接的超文本组成的系统。作为一个汇聚了海量资料的虚拟空间，人们能够通过它迅速获取各种讯息。因此，1998年，它在联合国新闻委员会年会上被宣布为继电视、广播、报纸之后的第四大媒体。

最初的网页界面只是简单的静态网页，这些网页使用基本的布局和颜色，内容通常是简单的文本和图片以供浏览，没有太多的交互元素或图形效果，虽然简洁明了，但是缺乏合理的布局以及令人赏心悦目的美感。1996年，随着表格布局的引入，网页界面开始采用更复杂的结构布局、更灵活的页面设计。图7-1所示为1996年国际互联网博览会网站界面，可以看到网页界面中的每个导航目的地都使用相同图标，网页上还混搭使用各类字体，包括Times New Roman、Arial和retro Art-deco字体，网页界面设计的规范已初见雏形。

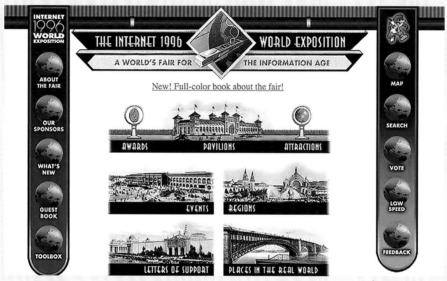

图7-1 1996年国际互联网博览会网站界面

2. 动态网页设计（2000年前后）

千禧年伊始，伴随网络时代的蓬勃发展，各类网站如雨后春笋般层出不穷。flash动画的兴起引领了网页界面的转型，网页不再局限于静态展示，设计师能够借助flash动画随心所欲地展现各种形状、布局、交互以及动画效果。2005年起，单一的网页排版已无法满足用户对网页的需求，网站不再仅限于静态网页的展示，动态网页应运而生，在操作过程中为用户带来了更优质的交互体验。这一时期的网页界面开始呈现出交互式和社交化的特征，出现了更多的动态元素、富媒体内容和用户参与。网页界面开始采用更丰富的图像、动画、视频和交互组件进行布局，提供了更生动、吸引人的用户体验。

图7-2所示的左图为1997年苹果官网首页，当时的网站更注重内容呈现，元素简单堆积，配色无美感，排版规整生硬。右图是2001年苹果官网首页，该网页界面更加注重与用户的交互，同时也已经逐步形成了自己的品牌风格。

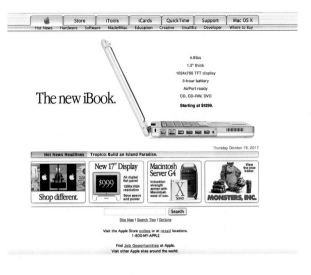

图7-2 1997年、2001年苹果官网界面

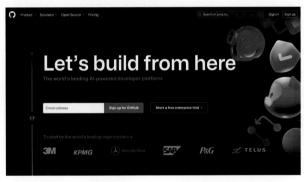

图7-3 GitHub官网界面

新媒体界面设计

3.移动设备和响应式设计（21世纪10年代）

2010年后，随着智能手机和平板电脑的普及，移动设备成为人们访问互联网的主要媒介。这个时期，flash式网站由于内存过大、不适用于手机移动端等诸多不便而逐渐淡出了大众视野。为了适应不同的屏幕尺寸，响应式网页设计出现并成为潮流。它使网页可以在各类端口上进行适应展示，根据用户设备的大小和特性自动调整网页布局和样式，提供最佳的界面效果和用户体验。

时至今日，网页界面不再只是基础的简单排列，各类元素自由应用，综合在一起呈现出更多样化的网页界面效果，带给用户更加沉浸式的体验。图7-3所示为GitHub官方网站首页，采用的是2010年后非常流行的扁平化设计风格。这种风格使得整个界面更加简洁、明快和直观，去掉过多的阴影、浮雕和纹理效果，以简单的图标、鲜明的颜色和清晰的排版为特点。

4.网页界面的发展趋势

随着现代人审美能力的不断提升和信息需求的不断增加，网页作为互联网信息的重要展示平台，其界面的设计工作也愈发凸显其重要性。

（1）可持续发展空间。未来的网页界面设计将始终行进在可持续发展的道路上，且拥有广阔的发展前景。随着互联网时代的飞速发展，网站建设已经不仅是一项技术，还逐渐演变为一种艺术表现与信息传达有机结合的产物，通过信息整合与视觉设计呈现出能够实现展示、互动功能的网页界面。此外，网页将具有更多可持续性和实用性的内容，用户生成的内容将被鼓励和支持在网页平台进行呈现。

（2）智能化网络生活。网站作为信息交换平台，让人们即便足不出户，也能轻松了解来自全世界的信息，使人们的生活更加绚丽多彩。随着科技的持续发展，网页设计变得越来越智能化、安全化及人性化。在新媒体时代背景下，虚拟和增强现实技术在未来网页中的应用、交互和移动端的优化设计等，都将推动这个行业发生深刻变革，为其带来无限的发展可能。

（3）广阔就业前景。自1994年以来，互联网在促进我国产业结构优化升级、推动数字经济蓬勃发展以及满足人民日益增长的美好生活需要等方面发挥了至关重要的作用。其中，电子商务行业的发展尤为突出。当前，各大电商平台之间的竞争日趋激烈，电商网页界面设计的需求陡增，也因此提供了极其丰富的就业机会，网页设计师的薪资待遇也将随之不断提升，成为界面设计从业工作者的择业方向之一。

三、目前主流网页界面的种类

网页界面的种类主要涵盖了不同类型的网站及其页面设计风格。从内容上划分，网页界面主要包含以下一些常见类型。

1. 门户网站页面

门户网站提供了一个集成的入口，包含了多个不同主题或领域的信息和服务。如图7-4所示的百度、谷歌官网首页界面，都包含分类导航、搜索功能和常用链接，旨在方便用户快速访问各种内容。

图7-4　百度、谷歌官网界面

2. 企业和品牌网站页面

企业和品牌网站用于展示和推广公司、组织或品牌形象，通常包括关于公司的信息、产品或服务介绍、新闻和联系方式等内容。不同的企业和品牌网站会呈现出不同的个性与品位。如图7-5所示为"霸王茶姬"品牌网页界面，该界面在配色上以茶色系为主，营造出一种古典而优雅的氛围，展现了品牌的独特风格和新中式茶饮的

图7-5　霸王茶姬网页设计

品牌形象；图7-6所示的苹果官网界面秉持包豪斯的无装饰与极简主义设计理念及风格，信息简洁明了，视觉效果简约大气，使得用户在浏览官网时能够轻松获取所需信息。

3. 电子商务网站页面

电子商务网站用于在线交易和销售产品或服务，页面信息一般复杂而繁多，因此在内容呈现上应以清晰排列为主。如图7-7所示为京东、亚马逊官网界面，这些网页中提供了商品目录、购物车、支付系统和订单管理等功能，旨在方便用户进行在线购物。

4. 新闻网站页面

新闻网站用于发布和分享新闻、文章、观点和意见，是为用户提供权威、丰富的在线新闻和信息的服务平台。这些网站页面通常界面布局清晰，信息分类明确，具有文章列表、分类标签、搜索功能，便于用户快速检索所需内容。图7-8所示的CCTV央视网新闻的首页界面内容丰富、栏目多样，在网页设计中融入视频、图片等多种媒体形式，增强了信息传播的效果，提升了用户体验。

5. 社交媒体网站页面

社交媒体网站提供用户之间的社交互动和信息共享。图7-9所示为知乎、微博官网界面，这些网站包括社交网络平台、图像分享平台、视频分享平台等，其用户可以创建个人资料、关注其他用户、发布内容和与其他用户互动。

除了以上列举的几种网页页面，网站页面类型还有专业服务网站、博客网站、学习平台和在线课程网站、论坛网站、娱乐网站、艺术和设计网站等。每种类型的网页界面都有其特定的设计要求和用户体验考虑因

新媒体界面设计

图7-6　苹果官网首页界面

图7-7　京东、亚马逊官网界面

图7-8　CCTV央视网新闻的首页界面

图7-9　知乎、微博官网界面

素，以满足特定领域的需求和目标。

第二节　网页界面设计的要点

上一节我们了解了网页界面的基本概况，为了能够更深入地理解网页界面设计，接下来我们将聚焦于网页界面设计的要点，强调设计特性、页面类型及设计流程的重要性，理解网页界面设计在技术和美学上实现最佳效果需要具备的条件。

一、网页界面设计的特性

无论是什么类型的网页，其界面设计有许多共通的重要特性，掌握这些特性可以帮助设计师制作出具有吸引力、简单易用的网页。从广义的角度而言，网页界面设计的特性主要有以下四点。

1. 交互性

从用户体验出发，即时的交互性是网站成为热点的关键所在。网页与传统媒体的不同之处，也是在网页设计时必须考虑的问题，例如如何使网页易用、高效并且能给用户带来愉悦的操作体验。

2. 经济性

从市场角度进行分析，网络是一种新兴的大众信息传播媒体，在各个层面都渗透着经济因素的作用。因此，从准备阶段到设计过程，再到市场投入后的收益回报等各个环节，我们都需要预先考虑到设计对市场的影响以及可能带来的经济效应，并以此为基础对设计方案进行调整。

3. 广泛性

从社会层面看，绝大多数网站的用户并不受限，大家都能够通过浏览各类网页来获取资讯。但除此以外，网页界面设计还应该考虑到一些特殊用户，包括身体残障人士、视觉障碍人士和听觉障碍人士等的需求。要通过采用无障碍设计的原则，如提供文字替代选项、正确标记的表单和键盘导航等，以确保网页对所有用户都可访问。

4. 多维性

从网页组织架构出发，网页界面设计的多维性主要体现在对导航的设计方面。用户可以在各种主题之间自由跳转，高效地接收和传递信息，打破了以前人们单向接收信息的方式。

二、网页界面设计的页面类型

网页界面设计的页面类型主要有以下两种：

1. 静态网页设计

静态网页是不具备后台数据库、不含程序和不可交互的网页形式。其页面内容相对固定，一旦设计完成并发布，除非进行手动修改，否则不会发生变化。静态网页的加载速度较快，因为其不需要与服务器进行频繁的数据交互。静态网页设计注重以精简明了的页面布局、清晰的文字和高质量的图片给用户带来直观的视觉感受，常用于个人博客、小型企业展示网站、景区展示等页面。（图7-10）

2. 动态网页设计

与静态网页相反，动态网页具有后台数据库、包含程序且可交互。动态网页能够根据用户的请求和操作，从数据库中动态地提取数据并生成相应的页面内容。动态网页设计不仅要考虑功能的实现，还要注重用户体验的优化，确保页面加载速度快、交互流畅、界面美观。动态网页可以实现更多互动功能，如用户登录、用户注册、调查管理等，在页面上可以设计注册和登录页、在线购买、评论留言区以及各类弹窗等。图7-11为苏州市旅游咨询中心四季美食版块网页设计，该网页界面设置了四个季节的不同美食与网页用户进行互动。

选择什么样的网页设计类型，主要取决于网站的功能需求和内容量。如果网站功能简单，内容更新量不大，纯静态网页可能是更好的选择。然而，对于大多数需要频繁更新内容、提供丰富交互功能的网站来说，动态网页则是更为合适的方案。无论是静态网页，还是动态网页，都需要设计师精心设计，以满足用户的需求，提升用户体验。

图7-10　景区展示静态网页设计

图7-11　景区美食动态网页设计

三、网页界面设计的流程

网页界面设计的一般流程如图7-12所示，包括

图7-12　网页界面设计流程

前期策划、内容整理、确认框架结构、交互原型、上传测试与后续维护五个部分。

1. 前期策划

确定网页主题，明确网站建设的目的与意义，确定网页的目标受众，用问卷调查或者访谈的形式对用户进行调研，收集用户对网页的需求和期望等反馈和意见，开展前期调研与策划。

2. 内容整理

将收集到的丰富的信息资讯进行统一整理分析，以便将其合理组织并规划于网页界面中。

3. 确定框架结构

深入分析消费者的需求和市场状态，坚持以用户为中心的设计原则，规划网站的内容结构框架；合理规划信息结构和导航体系等内容，以确保用户能轻松找到所需信息。

4. 交互原型

先确定网站页面间的交互关系及栏目架构，接着进行交互原型设计。交互原型需要先确定网站页面的布局和功能，再利用原型设计工具，基于草图制作网页原型，以模拟用户与网站的实际交互。

5. 上传测试与后续维护

制作完毕将网页上传至服务器并进行测试，同时要经常维护更新内容，通过用户测试找出用户在使用网站时的不足和需求，以确保网站始终保持良好的运行状态和用户体验。

第三节　网页界面设计的编排

上一节我们从特性、页面类型和流程介绍了网页界面设计的理论基础和实践方法，而从设计理念到具体实施，不仅要考虑网页界面的功能性，还要注重美学和用户体验。这一节我们将深入网页界面设计的编排，分析功能构成要素、形式美法则和版式布局的重要性，以确保最终网页界面设计的有效性和吸引力。

一、网页界面设计的功能构成要素

除文本、图形图像、色彩、超链接、音视频等基本构成要素外，网页界面设计一般还涵盖标志、导航栏、内容区域、搜索框等功能构成要素。（图7-13）

1. 标志

网页的标志（或者品牌标志）通常位于整个网页的最上端，是用户了解网页主题和内容的第一步。品牌标志应具备鲜明、简洁、易识别的特点。

2. 导航栏

导航栏是网页上的重要元素，为用户提供了浏览网站的途径。导航菜单通常放置在网页的顶部或侧边栏，包含网站的主要页面和功能。

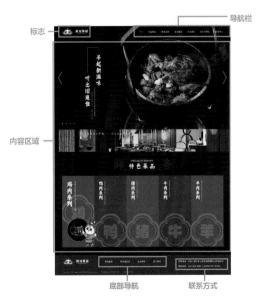

图7-13　网页界面设计的功能构成要素

3. 内容区域

内容区域是网页最重要的部分，用于显示网站的主要内容，如文章、图片、视频等。内容区域应该易于阅读，视觉动线流畅，具有吸引力。

4. 搜索框

搜索框是网站中的重要组成部分之一，方便用户查找特定内容。搜索框通常放置于导航菜单旁边或者网页的顶部。

5. 登录/注册

登录和注册表单通常在网页的顶部或右上方显示，也可以以独立的页面呈现。

6. 联系方式

联系方式通常放置在网页的底部，包括地址、电话、电子邮件和社交媒体链接等。

7. 底部导航

底部导航是网页底部的一行链接，为用户提供快速访问网站其他页面的方式。

二、网页界面设计的形式美法则

1. 对比与统一

如同平面构成的形式美法则一样，网页界面设计中的对比方法丰富多样。色调对比，可通过网页冷暖色调的反差或相近色调的微妙差异，营造出独特的氛围和情感倾向。栏目形状的对比，能使不同板块的区分更加明晰，增强页面的层次感。内容层级的对比，则有助于用户迅速辨别重要信息与次要信息，提升信息获取的效率和准确率。设计师运用对比、对照的方法，让网页界面展现出更为鲜明的特色，带来更加出色的视觉效果。设计师在运用对比的同时也要注重统一，保持网页整体风格的协调性和一致性，使各部分内容相互融合、相得益彰。

2. 对称与均衡

对称的形态在网页界面中有安定、协调、整齐的朴素美感，符合人们的视觉习惯。而均衡则是在变化中寻求稳定。掌握好均衡搭配的网页界面具有动态美感，可避免过于呆板的对称布局，使页面更加生动活泼。例如双栏式网页版式布局，其中一侧放置较大的图片或重要内容，另一侧则会通过较小的元素点缀或者段落文字进行平衡，以达到整体画面的和谐统一。

3. 重心设计

根据视觉流程原理，重点内容放置于网页界面的视觉重心位置，能够让浏览者更轻松地阅读到重要资讯。视觉重心通常是页面中最引人注目的区域，可以通过色彩的鲜明度、大小的对比、形状的独特性等方式来突出。

三、网页界面设计的版式布局

网页界面的版式布局类型有很多，常见的有国字形、拐角形以及响应式界面布局。

1. 国字形布局

国字形布局，顾名思义，是一种包裹式的布局方式。这种布局普通且常见，适用于大型网站。其基本布局形式是将网站具有代表性的信息置于界面顶部，左右两侧分别放置导航菜单、banner等其他栏目，底部由页脚包围。如图7-14所示的淘宝官网首页界面，每个栏目有条不紊地分层级排列着，内容主次分明。网页上面是标题条幅、导航栏，下面是相关分类信息等，视觉效果上规范且整齐。

2. 拐角形布局

拐角形布局在网页界面中呈现为转弯式的信息布局状态，其特点是将相关菜单内容链接放到网页的左侧或右侧，另一侧就是主要内容信息，网页的上面是标题条幅或主导航栏。拐角形布局适合于门户类、购物类网站。如图7-15携程旅行的官网首页为例，这是典型的拐角形布局，网页顶端是网站logo和搜索栏等应用功能，左侧是可以交互展开式的固定导航菜单，其余是主体内容和banner广告。

3. 响应式布局

这是当今网页界面设计布局中最为流行的布局形式。一个响应式布局的网站能兼容多种终端，为不同屏幕分辨率的终端服务，使界面随着窗口调整而自动适配，为不同终端的用户提供更加适合阅读的界面和更佳的用户体验，图7-16是星巴克官网在电脑端和移动端中的适配布局效果。

此外，网页界面设计还有标题正文型、左右框架型、上下框架型、封面型、flash型等布局类型。设计师可以自行展开设计，综合运用这些排版布局类型，以创造出独具特色、满足不同需求的网页界面。

视频7-2

扫描二维码观看视频7-2，可进一步深入学习网页界面设计的构成要素和布局方式。

图7-14 淘宝网首页国字形布局

图7-15　携程旅行网首页拐角形布局

图7-16　星巴克官网在不同媒体上的界面效果

第四节　项目实例

项目：巧克力品牌官网设计

1. 项目背景

巧克力是深受大众喜爱的甜食。"百分百"是一个原创巧克力品牌，其品牌核心理念是只生产含有天然可可脂的巧克力。"百分百"巧克力品牌的logo设计以可可果的切面原型和数字"100%"相组合，在配色上近似可可果的深棕色，品牌形象应用部分是由标志和辅助图形进行衍生设计。"百分百"巧克力网站属于品牌展示和购买型网站，是提升"百分百"巧克力互联网品牌形象的重要平台。

2. 项目要求

该网站页面包括首页、新品尝鲜、产品介绍、礼赠灵感、门店查询、品牌介绍、品牌故事。使用

photoshop软件设计制作"百分百"巧克力品牌官网的首页和两个子页面。具体需求如表7-1所示。

表7-1　功能列表

页面名称	功能描述
首页	（1）banner 主视觉广告 （2）若干款新品、经典产品（重点显示） （3）品牌的服务理念（底部）
产品介绍	（1）banner 主视觉广告 （2）子功能项: 热卖推荐、礼盒推荐、店铺推荐、会员专享、折扣商品（设计相应的链接按钮） （3）热卖推荐及其具体产品的购买链接（重点显示）
品牌介绍	（1）banner 主视觉广告 （2）品牌故事、品牌承诺、可可制作过程

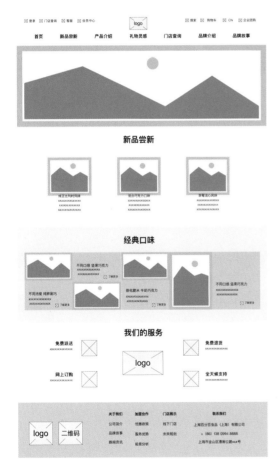

图7-17　低保真原型制作

此外，页面功能还包括页眉区域的品牌logo、登录、客服、会员中心、门店查询、搜索、购物车、中英文切换、企业团购，页脚区域的扫码关注、关于我们、加盟合作、门店展示、联系我们等功能。

总之，此网页设计应以"百分百"巧克力品牌形象和核心理念为主旨，视觉风格应与标志、品牌形象保持统一，符合品牌调性。通过精美的界面吸引用户的视觉注意力，吸引潜在客户对品牌的兴趣，提升品牌线上线下的联动营销。

3. 设计实施

（1）低保真原型设计图。使用axure RP软件，依次制作首页、产品介绍页、品牌介绍页的低保真原型设计图，以呈现各页面的功能布局。图7-17所示为首页的低保真原型设计图。

（2）视觉设计。网页界面视觉效果如图7-18所示，分别为首页、产品介绍页、品牌介绍页。

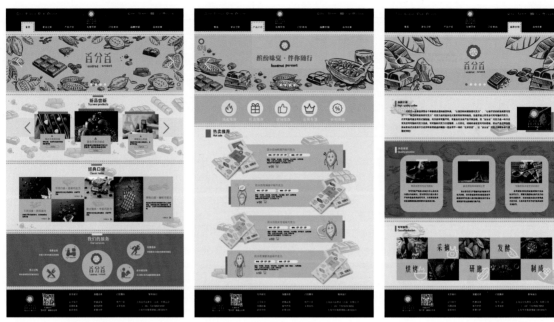

图7-18　巧克力品牌网页界面设计

　　a. 生动写实的插图设计。banner部分运用插画设计，以速写的形式来描绘原材料和巧克力形态。使用可视化的图标设计辅助交互功能和文字阐述的呈现。

　　b. 统一的视觉风格。首页及子页面的配色都以棕色系为主，页眉和页脚采用相同的深棕色，起到首尾呼应的色彩效果。

　　c. 清晰的视觉动线。品牌介绍页除页眉和页脚外有四块功能分区，采用双排虚线的设计，清晰分割页面每个模块的内容，使视觉动线设计明了，内容从上至下依次呈现，符合用户的阅读逻辑。

　　d. 鲜明的品牌形象。页面中多次出现品牌标志、标准配色、品牌标语等，品牌识别深入人心。在"热卖推荐"模块中出现的可可果IP形象，给界面增添了灵动感和记忆点。

|||||| 思考与练习 ||||||||||||||||||||||||||||||||||||||||||||||||||||||||||||||||||||||||||||||||||||||||||

　　1. 登录页设计：表单内容涵盖账号与密码的信息输入框，同时设计一款具有自定义样式的登录按钮。

　　2. 企业官网设计：自选一个已有的茶饮品牌，设计其企业官网的网页界面，可以是设计首页，也可以是品牌介绍页。要求设计风格与品牌形象相统一，能充分展现产品特性，参考效果如图7-19所示。

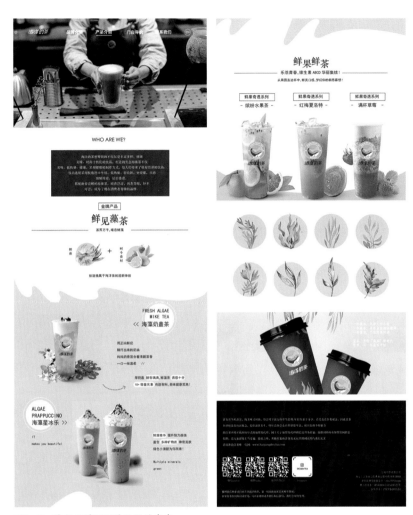

图7-19　茶饮品牌网页界面设计参考

第八章 App界面设计

◆ **知识目标**

　　1. 了解App的概念；2. 了解App的分类；3. 认识App产品设计开发流程。

◆ **能力目标**

　　1. 掌握App各类界面的布局；2. 掌握App各类界面的视觉设计要点；3. 培养将设计理念转化为实际工作的界面设计的能力。

◆ **素质目标**

　　1. 培养对美学的理解与应用能力，探索不同的设计方法和风格；2.培养以用户为中心的设计思维；3. 培养创新思维，创造出独特而富有吸引力的App界面。

　　本章主要聚焦于新媒体时代下手机移动端的App界面设计。内容涵盖了App产品开发的全流程、界面构成的基本要素、设计过程中的关键点，以及通过项目实例来实践和演示设计技巧。通过本章的学习，读者将能够深入理解并掌握移动设备端App产品开发的整个流程，以及视觉设计的关键技能，进而提升App界面设计的专业水平。

第一节 App界面设计概述

一、App的概念

　　App是Application的缩写，泛指在智能手机、平板电脑、智能手表等移动终端设备上运行的应用程序软件。这类软件亦被称作App软件、App应用或App客户端。App软件的顺畅运行依赖于相应的手机操作系统，目前市场上主流的操作系统包括苹果公司的iOS系统、谷歌公司的Android（安卓）系统、华为公司的HarmonyOS（鸿蒙）系统，以及塞班和微软等其他操作系统。表8-1详细列出了这些手机系统的种类及其发展历程，为设计师提供了一个清晰的行业视角。

表8-1　手机系统的种类和发展历程

手机系统	发展历程
Windows Mobile	1996 年，微软第一代 Windows CE 1.0 系统问世，自此微软开始逐步进入手机操作领域
NOKIA symbian	2001 年，塞班公司推出 SymbianS60 系统。该系统在 2005 年至 2010 年曾一度风靡世界，其 UI 能够使塞班手机呈现多样化的形态，诸如翻盖式、直板式、键盘输入，或是触摸笔输入等
iPhone OS 3.0 Software	2007 年 6 月，苹果公司第一版 OS 操作系统发布，iOS 系统登上历史舞台，其多指触控的技术颠覆了智能手机的用户界面。iOS 创造性地将移动电话、Safari 浏览器、手机地图、手机游戏等功能融为一体

手机系统	发展历程
	2008 年 9 月，Android 操作系统由 Google 研发团队设计发布。开放性的开发平台和良好的用户体验，使安卓系统快速打入智能手机市场，并占据举足轻重的地位
HarmonyOS	2019 年 8 月，华为公司正式发布鸿蒙操作系统。这是一款全新的、面向全场景的分布式操作系统。华为鸿蒙系统的问世，不仅代表着中国在高科技领域实现了一次重要战略突破，还为全球科技生态注入了新的活力和可能

二、App的分类

App软件不仅限于手机系统预装的应用程序，用户也可在手机应用商店中自行选购、下载各类第三方软件，以丰富手机功能，享受多元化的服务体验。根据功能和用途，它们被划分为不同的类别。

1. 社交类App

这类App如国内的QQ、微信、小红书，国外的Facebook、X（原Twitter）、Instagram等，满足了用户在线分享和社交的需求。

2. 金融类App

此类App提供银行、证券、投资理财、借贷等金融服务，而微信、支付宝因其强大的支付功能，已成为国内普及的移动支付工具。

3. 工具类App

此类App覆盖了日常生活的多个方面，包括天气预报、导航出行、图像编辑、办公学习等，企业移动办公所需的钉钉、企业微信、腾讯会议等，还有为企业量身定制的系统应用都属此类。

4. 娱乐类App

这类App为用户带来丰富的休闲娱乐体验，包括游戏、影视直播、音乐类应用等，呈现出娱乐应用的多样性。

5. 购物类App

随着网购的普及，这类App，如淘宝、京东、饿了么、美团、叮咚买菜等成长迅速，已成为用户日常购物的便捷选择。

6. 资讯类App

在移动互联网和融媒体快速发展的背景下，传统媒体，如人民日报、澎湃新闻、新华社等都通过开发App客户端，为用户提供即时、丰富的新闻资讯；微博、今日头条等平台则为用户提供了分享和讨论热点话题的空间。

此外，一些App如微信，不仅具备社交功能，还集成了媒体资讯、购物、游戏等多种服务。

市场上的App种类繁多，均根据用户需求定制开发。当前，iOS和Android系统主导着智能手机市场，UI设计师在设计时通常不区分具体的操作系统，因此设计师需要掌握这两种主流系统的界面设计知识，以适应不同用户的需求。

三、App产品设计开发流程

通常而言，App产品开发团队需以一个产品为核心，依次经历前期研究、产品立项、交互设计、视觉设计、

人物角色模块

个人信息

姓名：小林
年龄：20
职业：学生
学历：本科
爱好：购物 穿搭
性格：文静

场景介绍：

小林是一名品学兼优的大学生，她饮食规律，但作息不规律，经济来源是生活费和兼职。有丰富的课余时间，对运动要求不剧烈，能在宿舍进行。

人物特点	运动要求	核心需求
• 善于交际	• 不限场所	• 不剧烈的运动
• 有耐心	• 安全可靠	• 适用于宿舍场景
• 热爱生活	• 运动记录	
• 做事认真严谨	• 不剧烈	

人物角色模块

个人信息

姓名：小吴
年龄：25
职业：程序员
学历：本科
爱好：摸鱼
性格：温和

场景介绍：

小吴是一名996大厂程序员，平时饮食和作息较不规律，经济水平高。个人时间少，对运动要求简单易完成，休息时在公司也可进行。运动自律性低，需按时提醒。

人物特点	运动要求	核心需求
• 经常加班	• 办公场所	• 定时提醒
• 运动小白	• 简单易做	• 容易上手
• 懒癌患者	• 定时提醒	
• 自律性低		

图8-1　人物角色模型

程序开发以及测试与优化等一系列流程。

1. 前期研究阶段

前期研究阶段的主要任务在于深入了解项目的研发背景，明晰产品设计的目的以及所能带来的价值效益。在此阶段，需要针对产品市场和用户人群展开全面调研，采用问卷调查法、访谈法与给用户画像、体验地图等方式，深入分析目标用户的需求，同时了解竞争对手的产品，从中发掘产品设计的创新点、痛点和机会点，进而形成一份完整的需求文档。（图8-1）

2. 产品立项阶段

在产品立项阶段，产品经理（PM）会结合前期的市场分析和用户研究结果，明确产品的定位、主要功能特点、产出产品原型，制定产品开发的详细计划方案。同时，产品经理将跟进整个项目的开发进程，在各部门之间发挥协调、管理、引领的作用，确保整个产品开发能合理有序地进行。

3. 交互设计阶段

进入交互设计阶段，根据前期用户分析和产品立项结果，交互设计师要分析典型使用场景，构建用户心理模型，搭建产品信息架构，输出纸面原型、低保真原型，最终产出高保真原型，完整呈现出产品的功能布局、交互操作逻辑以及页面要素等。原型图还需要提交审核，若存在问题再进行修改或调整。

4. 视觉设计阶段

在视觉设计阶段，设计师会根据各平台系统的设计规范，对原型图进行视觉优化和方案完善。这一阶段的设计并非仅局限于界面的视觉美观，更重要的是对人机交互和操作逻辑的细化。设计师最终输出各类视觉图片设计、切图、界面的标注，并总结一份产品的设计规范文档，详细说明该产品的字体、字号、配色、icon设计等内容。

5. 程序开发阶段

到了程序开发阶段，产品经理将功能需求文档对接给程序员，设计团队提供标注切图的界面、设计规范文档，最终呈现出可实际应用的产品。

6. 测试与优化阶段

产品开发完成后，测试工程师要测试产品的功能和运行状况，排查错误并反馈给设计部或程序开发部修改，以确保产品质量和正常运营。视觉设计师配合测试人员完成界面适配测试、用户可行性测试，进而完成产品优化。

产品上线后进入运营阶段，运营人员将应用产品发布至苹果商城和各类安卓市场等，并持续优化和推广商品。同时，运营人员若发现产品的问题则反馈给产品部，由产品部发起产品迭代更新。此外，虽然不同企业、团队和项目的产品开发流程有所差异，但其基本框架和核心步骤大体相同，确保了开发过程的系统性和连贯性。

视频8-1

扫描二维码观看视频8-1，进一步学习App产品设计开发流程。

第二节 App界面的构成要素

在设计App界面时，设计师通常需要设计启动页、引导页、首页等多个页面的视觉设计，每一个页面由各种"栏"，即划分不同模块的功能区域组成。这里我们主要讲解移动端界面框架结构，涵盖了状态栏、导航栏、搜索栏、标签栏、工具栏等区域。

一、状态栏

状态栏通常位于屏幕的顶部，用于显示系统的状态信息，如时间、电池电量、信号强度等。它可能还包括一些通知图标和快捷设置图标，以便用户快速查看和调整手机的基本功

图8-2 安卓手机与苹果手机状态栏

能。状态栏的设计旨在提供用户与系统交互的便捷方式，确保用户可以随时了解手机的当前状态并进行必要的操作。（图8-2）

设计师为了增强界面的吸引力与提升感官效果，有时会把状态栏设计为沉浸式效果。所谓沉浸式状态栏，即把状态栏的颜色设置成与应用界面的背景色一致，使用户感觉内容延伸到了整个屏幕，提供更加沉浸式的体验。

二、导航栏

一般而言，导航栏位于状态栏下面。导航栏通常会显示标题和返回按钮，也可能会设置一些其他功能的入口，例如搜索框、更多和其他功能的图标等。导航栏的设计取决于应用程序的类型和目标用户群体，通常有以下几种常见的设计方案。

1. 经典菜单栏设计

位于页面顶部或底部，包含主要功能按钮或链接。通过清晰的分类和标签，用户可以快速找到所需功能，这是一种简洁明了的导航方式。

2. 搜索导航设计

将搜索框置于显著位置，让用户通过输入关键词来查找所需内容，这种设计适用于内容丰富的应用，可提高导航的灵活性和效率。

3. 底部标签栏设计

标签栏一般位于页面的底部，它的作用是让用户能够快速在不同的视图和模式间进行切换，提供快速切换和导航功能。但需要注意不要过多地放置标签，通常以在标签栏中设计四五个图标为宜，以免导致界面拥挤。

如图8-3所示为支付宝App首页，包含了以上三种导航栏，分别位于上中下的位置，且有其相应的功能。

4. 侧边栏导航

侧边栏导航通常位于页面左侧或右侧，通过侧滑或点击按钮展开，它会提供更多的导航选项，在大屏幕设备上具有良好的可用性。但需要注意设计合理的折叠和展开机制，以避免页面过于拥挤或混乱。如小红书首页左上角有一个三根横线的图标，代表"更多"，点击图标会显示出如图8-4所示的侧边栏导航。

5. 下拉式菜单导航

这种导航通过点击或悬停触发下拉菜单，展示更多的导航选项，适用于需要隐藏大量选项或次要功能的场景，它能够节省页面空间，并保持界面简洁。图8-5所示为微博首页"关注"栏下拉式导航栏，可以选择相应的分组进行查看。

图8-3　支付宝App首页导航栏　　　　图8-4　小红书侧边栏导航　　　　图8-5　微博下拉式导航

三、工具栏

工具栏一般是App的辅助工具区域，通常包含一些常用的功能按钮，如分享、保存、打印等。底部工具栏的设计也取决于应用程序的类型和目标用户群体。

四、其他过渡状态

页面过渡效果。这是在页面之间切换时的动画效果，可以提高用户体验。常见的页面过渡效果包括淡入淡出、滑动等。

新媒体界面设计

加载状态。当页面正在加载数据时，通常会有一个加载状态显示给用户，等待过程不会让用户感到困扰。

第三节　App界面视觉设计

一、启动页设计

启动页是App在启动加载过程中的过渡动画或页面，一般停留3—5秒消失，有些也可通过点击按钮进入H5广告页面。它的作用是缓解用户在等待过程中的焦虑情绪，并传达品牌形象、产品信息、活动内容等，拉近App与用户之间的情感距离。启动页主要分为以下类型。

1. 品牌宣传类

这类启动页设计由"品牌名称+品牌标志+产品广告标语"组成，位于页面居中处或页面下端，内容精简且不经常更换，能强化用户对品牌的认知记忆。大众点评、小红书、央视影音的启动页都是如此。

2. 广告推广类

这类启动页是给一些商家提供广告宣传的区域，可实现产品的流量变现。

3. 节日氛围类

很多App会设计烘托节日氛围的启动页，目的是与用户产生情感共鸣，同时体现产品的人文关怀，提升品牌调性。这类启动页多采用插画形式展现，即时性强、画面富有表现力，需要设计师有一定的手绘功底。

4. 活动推广类

产品在运营过程中会策划一些行销活动，例如周年庆典、主题活动、成果展示等。作为活动宣传的启动页，这类启动页设计需着重体现活动主题，为用户营造活动的氛围，起到预热和推广活动的作用。

图8-6从左至右分别是品牌宣传类、广告推广类、节日氛围类和活动推广类启动页页面。

图8-6　不同类型的启动页页面

二、引导页设计

引导页，顾名思义，是起到引导作用的页面。在用户第一次安装并打开App时，呈现的欢迎场景、介绍功能、操作指引等的引导性页面，一般在3—5页，不宜过多。引导页是App中不可或缺的重要场景之一，是用户进入主界面之前的页面，给用户留下对产品的第一印象，也在一定程度上影响了用户后期对产品的体验感受。因此，设计师需要花一些时间、精心设计引导页，了解常见的引导页类型，根据不同的意图和出发点，提出合理化的设计方案。根据目的不同，引导页大致可分为以下几类。

1. 功能介绍类

这类引导页通过插画结合文字标题，以翻页的形式给用户传达此App产品具备哪些功能和特点。文案应通俗易懂，配图简单直白，让人能够快速理解意图，同时也起到鼓励用户使用和操作产品的作用。（图8-7）

图8-7　功能介绍类引导页

图8-8　操作说明类引导页

2. 操作说明类

这类引导页是为了优化用户入门进度，降低新用户的入驻门槛，或是在产品系统更新升级后，因为界面的样式出现了位移、功能变化，为了让用户快速熟悉新的界面而设计的。如图8-8所示，这类引导页大多覆盖一层半透明黑色背景，运用白色手绘风的文字做解释说明，用箭头和圆圈指引用户了解相关icon功能，用户点击"我知道了"按钮即可完成指引。

3. 推广介绍类

这类引导页会根据产品的定位和目标人群的性格特点分析，以插画、平面广告等设计形式传递产品的态度和价值观，使用户理解产品的基调和情怀，并引发用户的共鸣。

页面视觉设计通过静态图片、动画、视频吸引用户的注意力。图8-9所示的系列引导页的交互方式采用的是从左到右滑动切换页面的方式，最后一页设有引导按钮，点击按钮即可进入App。

图8-9　App引导页设计

三、注册登录页设计

　　除了一些系统自带的和工具类的App，注册登录页是几乎每个App最基础、最重要的设计之一。注册登录页一般会出现在两种场景中，一是用户第一次进入App的时候，页面主动提示需要注册或者登录，例如豆瓣、keep、简书等。二是放置在个人中心，这类App无须注册登录，即可以游客的身份浏览和使用部分操作，只有在用户使用到某些功能时才会跳出注册登录提示，例如淘宝、饿了么、抖音等。

　　注册登录页的界面视觉设计的主要内容包括产品符号（logo/吉祥物/广告语）、主要登录路径（账号/邮箱/手机号/昵称）、功能按钮（注册/登录）、第三方登录路径图标（微信/微博/QQ等），其界面背景是精美图片、插画，或是与界面主色调相关的纯色。

四、首页设计

　　点击App图标，跳过引导页就会进入App最重要的页面——首页。首页不仅是产品品牌形象的展示窗口，还承载着产品的核心功能和特点。它快速引导用户了解App的精髓，因此首页的界面设计至关重要。

　　不同功能、内容和产品类型的App，首页布局的选择各不相同。设计师在设计前的首要任务是明确产品的核心功能，根据其核心功能选择与之相匹配的首页布局。以下是常见的首页布局类型。

1. 网格型

　　网格型布局首页由模块化的棋盘格子以规律性的排布构成。这类布局能为用户呈现更多的功能入口，每个功能模块会快速引导用户进入二级页面，起到分流作用。（图8-10）设计时要注意根据不同的区域设置排列不同的网格，例如五宫格、十宫格、十五宫格等，保持界面风格的整体性、有序性，以便于用户做出清晰明了的选择，并在使用后产生位置记忆。

2. 瀑布流型

瀑布流的布局是多栏布局的一种。顾名思义，这类布局将信息像瀑布一样倾泻而下，形成自上而下流水似的视觉特征。瀑布流型布局设计的要点是内容无侧重点，以大图为主，内容宽度不等。现在许多App首页都使用瀑布流布局。这种布局延长了用户的停留时间，用户可以无限向下加载信息，获得沉浸式浏览体验，典型案例如图8-11所示的小红书App的首页布局设计。

3. 列表型

列表型布局将同一信息层级的内容以垂直有序的列表形式呈现。列表内容有纯文字列表，也有图文结合的列表。列表设计的目的是高效展示同类型内容的信息，便于用户浏览和筛选。首页列表型的App有微信、QQ等显示消息对话列表的应用程序，也有用于热门推荐、猜你喜欢等资讯展示的局部区域设计。

4. 卡片型

卡片型布局将每个板块的文字和图片信息以卡片的形式进行划分，有效地突出首页中的重点信息，提升内容区域感。卡片型布局可运用多样的设计方法丰富卡片视觉形态，使其呈现扁平化或拟物化的风格特点。例如给卡片背景添加阴影、渐变、描边、填色、留白等设定，增强界面的空间层次和视觉表现力；同时也能帮助用户在感官上联想到真实的卡片，提升内容的识别性和吸引力。图8-12的麦当劳App首页界面的点餐区、定位区、广告推荐区都运用了不同大小和视觉效果的卡片型布局，对不同内容进行了有效分隔。

图8-10 网格型首页设计

图8-11 瀑布流型首页设计

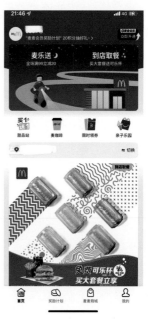
图8-12 卡片型首页设计

5. 组合型

App产品的类型数不胜数，有些首页呈现的内容较单一，可以使用一种布局类型，而有些首页则内容丰富，这就需要设计师在操作过程中具体分析产品的调性、内容、需求，灵活运用多种布局形式展开组合设计。

五、详情页设计

详情页是指在App中，当用户点击某个特定的内容选项或入口后，展示更多详细信息的页面。详情页专注于深入展示特定主题或项目。例如，电商类App的商品详情页通过视频、图片、描述、价格和用户评价等信息，辅助用户做出购买决定；新闻类App的文章详情页提供全面文字报道、图片、视频和评论区，促进用户深入阅读和参与讨论；运动类App的运动训练详情页则展示训练课程、累计训练时长、等级等，使用户获得成就感和体验感。设计师在设计App详情页时需要注意以下设计要点，以规避错误的操作。

1. 品牌调性

详情页的视觉设计需要符合产品的品牌调性，例如在醒目的位置标出logo，使用品牌的标准色、辅助色、辅助图形和广告标语等。符合产品基调的设计语言，便于用户识别和记忆。

2. 推荐内容

核心内容的传达是吸引用户进一步使用和浏览的关键因素之一，例如在电商类App详情页的主视觉位置展示推荐商品或内容，结合文案信息设计banner图，将内容有效传达给用户。

3. 信息层级

好的界面信息层级设计，能让用户清晰明了地筛选需求信息，方便用户进一步操作。一般常见的App界面都遵循从上至下的阅读动线。在做界面的结构设计时，设计师要考虑界面布局、文字尺寸、图片和图标的尺寸与位置，将信息主次表达清楚，提高核心内容的浏览效率。

4. 交互要素

即在App界面设计中添加一些按钮、搜索栏、轮播图等设计要素，让用户能够与之产生互动，提升用户体验。

5. 响应式设计

不同系统和设备的显示屏尺寸各不相同，因此在设计界面时需采用响应式界面设计，使界面能够适应不同的屏幕尺寸。

第四节 项目实例

项目：心芽心理疗愈App设计

该项目是由两位同学设计的一款心理疗愈类App。它从项目背景出发，历经需求分析、竞品分析、用户画像，直至设计实施，完整地展示了App产品开发和界面设计的全流程。

1. 项目背景

在现代社会中，各类心理问题及抑郁情绪日渐增多。心芽App专为抑郁人群打造，提供切实有效的心灵疏导渠道，以多种方式及时排解用户的抑郁情绪，阻止其恶化，成为守护心灵的一道坚实防线。

2. 竞品分析

（1）竞品确立。通过调研分析，确立了三大类竞品，并展开竞品分析。直接竞品：壹心理、简单心理、壹点灵（专业心理类）；间接竞品：冥想星球、潮汐（冥想放松类）；关联竞品选择Moo日记、格志日记（书

图8-13 竞品确立

图8-14 战略层分析

图8-15 框架层分析

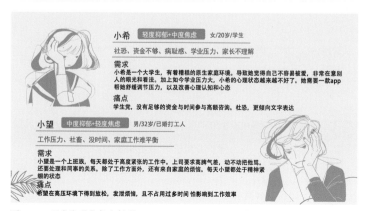

图8-16 用户典型角色分析图

写记录类）。（图8-13）

（2）对比分析。壹心理App、Moo日记App、潮汐App这三款产品都曾获得金米奖，在界面设计风格、功能布局、用户体验上都有一定的学习和研究价值。根据品牌的定位，以及使用人数与评价，对上述这3款App展开战略层、范围层、结构层、框架层和表现层的竞品分析。图8-14所示为三个竞品品牌战略层面的分析。

由范围层、结构层分析得出，壹心理App作为专业心理软件功能最全面，提供心理咨询与测试服务。Moo日记App独有的功能是书写功能，书写可以帮助用户觉察情绪，抒发情感，对抑郁症患者也是有帮助的。潮汐App则专注于冥想白噪音这项主要功能。在框架层分析中，如图8-15所示的Moo日记App的"信箱倾诉"子页面，可以帮助抑郁症患者抒发情绪，并接收来自陌生人的善意，这项功能和布局值得借鉴学习。

3.用户典型角色分析（图8-16）

创建两位不同身份和行为习惯的典型人物角色，分析其目标动机、行为习惯、痛点挑战等要素，可以更全面地理解用户需求、指导产品决策。

4. 产品定位

本App名为"心芽"，寓意心芽生长与爱相随，温暖每一寸心田。心芽App给抑郁症人群提供放松、陪伴、疗愈和抒发情绪的心灵港湾。其主要功能有心理健康评估、解压游戏、日记书写、内容分享、专业心理咨询、社区等。产品视觉界面至少15页，产品设计目标及关键词罗列如图8-17所示。

5. 设计实施

（1）信息架构图。信息架构图如图8-18所示。产品主要功能有"首页""书写""森林""咨询"和"我的"。其中的设计亮点如下：

"日记本"细分为感恩日记、成功日记、心情日记，鼓励用户记录并关注生活中的美好瞬间，从而提升生活的感知价值和幸福感。

回复"树洞"内容后，用户会获赠花朵奖励，这种正向反馈机制不仅增强了用户的参与兴趣，而且当花朵图鉴集满后还能获得额外奖励，进一步激发用户的收集欲望和持续互动。

"解压小游戏"的设计，不仅增加了应用的趣味性，还在用户享受游戏的同时提供了情绪释放的出口，帮助缓解压力。

（2）设计规范。色彩规范、文字规范和图标设计如图8-19所示。

（3）低保真原型。使用axure或photoshop等相关软件，设计制作心芽App的低保真原型。图8-20

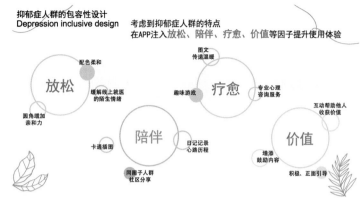

图8-17 产品定位

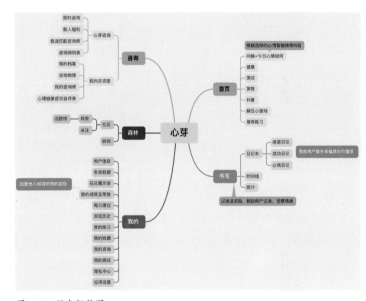

图8-18 信息架构图

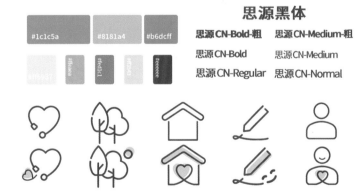

图8-19 设计规范

所示为部分页面的低保真原型。

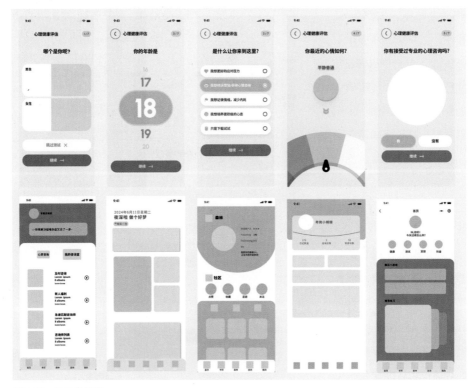

图8-20　低保真原型

（4）高保真原型图。高保真原型的展示如图8-21所呈现。启动页设计巧妙地采纳了抑郁症患者的视角，通过一系列触动人心的关键词，营造出与用户情感上的共鸣，仿佛是一片荒芜的土地在呼唤心灵的生机，从而巧妙地引出产品品牌——心芽，寓意着希望与新生。测试页则被设计为一个了解用户当前心理状态的环节，不仅帮助用户自我探索，还为心芽App提供了定制化服务的依据。首页的设计尤为引人注目，其中拼图小游戏以其卡通形象的可爱与亲切感，为用户带来愉悦的互动体验。这些设计细节不仅丰富了用户界面，还在无形中为用户的心情增添了一抹亮色。

整体而言，心芽App的高保真原型通过细腻的设计思考和用户情感的深入挖掘，展现了其在关注心理健康方面的专业度和同理心，致力于为用户提供一个既专业又温馨的数字空间。

扫描二维码观看视频8-2，详细学习心芽心理疗愈App设计的全过程。

视频8-2　　　　　　图8-21　高保真原型

1.设计某电商品牌App的登录页。表单内容涵盖账号与密码的信息输入框，同时设计一款具有自定义样式的登录按钮。

2.设计一款集购物、社交、科普为一体的宠物类App产品。参考案例如图8-22所示，以展板的形式将最终效果呈现出来。

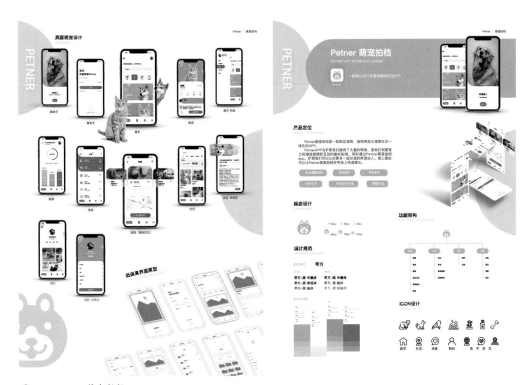

图8-22　Petner萌宠拍档App

图书在版编目（CIP）数据

新媒体界面设计 / 刘晨，戴佳童，陶鸿宇编著.
上海 ：上海人民美术出版社，2025. 1. -- （新版高等院
校设计与艺术理论系列）. -- ISBN 978-7-5586-3088-0

Ⅰ. TP311.1

中国国家版本馆CIP数据核字第2024D1N515号

新版高等院校设计与艺术理论系列

新媒体界面设计

编　　著：刘　晨　戴佳童　陶鸿宇
责任编辑：邵水一
特约编辑：张琳海
封面设计：陈　劼
装帧设计：高　婕
技术编辑：史　湧
出版发行：上海人民美術出版社
地　　址：上海市闵行区号景路 159 弄 A 座 7 楼　邮编：201101
印　　刷：上海颛辉印刷厂有限公司
开　　本：787×1092　1/16　9印张
版　　次：2025 年 1 月第 1 版
印　　次：2025 年 1 月第 1 次
书　　号：ISBN 978-7-5586-3088-0
定　　价：78.00 元